农村科技口袋书

粮食作物新品种

中国农村技术开发中心 编著

中国农业科学技术出版社

图书在版编目（CIP）数据

粮食作物新品种/中国农村技术开发中心编著．—北京：中国农业科学技术出版社，2014.12
（农村科技口袋书）
ISBN 978-7-5116-1950-1

Ⅰ．①粮… Ⅱ．①中… Ⅲ．①粮食作物—栽培技术… Ⅳ．①S51

中国版本图书馆CIP数据核字（2014）第284519号

责任编辑	李　雪　　史咏竹
责任校对	贾晓红
出　　版	中国农业科学技术出版社
	北京市中关村南大街12号　　邮编：100081
电　　话	（010）82109707　82106626（编辑室）
	（010）82109702（发行部）　（010）82109709（读者服务部）
传　　真	（010）82106650
网　　址	http://www.castp.cn
经　　销	各地新华书店
印　　刷	北京富泰印刷有限责任公司
开　　本	880 mm×1230 mm　1/64
印　　张	3
字　　数	93千字
版　　次	2014年12月第1版　2014年12月第1次印刷
定　　价	9.80元

版权所有·翻印必究

《粮食作物新品种》
编委会

主　任： 贾敬敦

副主任： 蒋丹平　卢兵友

成　员：（按姓氏笔画排序）

马广鹏　李　翔　李建生　沈希宏

周　阳　曹立勇　董　文　戴炳业

编写人员

主　编： 李建生　董　文　李　翔

副主编： 戴炳业　周　阳　曹立勇　沈希宏

编写人员：（按姓氏笔画排序）

马殿荣　王　辉　王安贵　王振华

王益华	王楚桃	邓国富	甘斌杰	田立平
史占良	邢吉敏	吕国锋	朱卫生	朱华忠
刘 凯	刘于斌	刘文国	刘东涛	刘宏伟
刘保申	刘铁山	江 玲	汤继华	孙苏阳
李春霞	李前荣	李斯深	李登海	杨长登
杨今胜	杨武云	杨国虎	杨俊品	杨恩年
吴少辉	吴政卿	余传元	辛文利	宋希云
张 彪	张 鹏	张伯桥	张建成	张春利
陈景堂	陈新民	邵国军	武小金	周 雷
周广春	单福华	赵保献	胡 琳	胡运高
姜明月	姚国才	袁建华	顾正中	钱兆国
徐正进	高庆荣	高洪敏	唐绍清	唐海涛
曹廷杰	曹崇江	董亚琳	番兴明	童汉华
蒲宗君	雷建国	蔡耀辉	滕年军	潘光堂
潘国君	戴高兴	魏亦勤		

前 言

为了充分发挥科技服务农业生产一线的作用,将先进适用的农业科技新技术及时有效地送到田间地头,更好地使"科技兴农"落到实处,中国农村技术开发中心在深入生产一线和专家座谈的基础上,紧紧围绕当前农业生产对先进适用技术的迫切需求,立足"国家科技支撑计划"等产生的最新科技成果,组织专家力量,精心编印了小巧轻便、便于携带、通俗实用的"农村科技口袋书"丛书。丛书筛选凝练了"国家科技支撑计划"农业项目实施取得的新技术,旨在方便广大科技特派员、种养大户、专业合作社和农民等利用现代农业科学知识,发展现代农业、增收致富和促进农业增产增效,为加快社会主义新农村建设和保证国家粮食安全做出贡献。

"口袋书"由来自农业生产、科研一线的专家、学者和科技管理人员共同编制，围绕着关系国计民生的重要农业生产领域，按年度开发形成系列丛书。书中所收录的技术均为新技术，成熟、实用、易操作、见效快，既能满足广大农民和科技特派员的需求，也有助于家庭农场、现代职业农民、种植养殖大户解决生产实际问题。

　　在丛书编制过程中，我们力求将复杂技术通俗化、图文化、公式化，并在不影响阅读的情况下，将书设计成口袋大小，既方便携带，又简洁实用，便于农民朋友随时随地查阅。但由于水平有限，不足之处在所难免，恳请批评指正。

编　者
2014 年 9 月

目 录

第一部分 水稻优质新品种

北方稻区

龙粳 31 ……………………………………… 2

松粳 16 ……………………………………… 4

绥粳 14 ……………………………………… 6

龙稻 18 ……………………………………… 8

吉粳 511 …………………………………… 10

吉农大 878 ………………………………… 12

粳优 558 …………………………………… 14

辽粳 346 …………………………………… 16

长江流域粳稻区

宁粳 5 号 …………………………………… 18

南粳 9108 ………………………………… 20

粮食作物新品种

镇稻 18 号 ……………………………… 22
镇糯 19 号 ……………………………… 24
常优粳 6 号 ……………………………… 26
金粳优 11 号 …………………………… 28

长江中下游稻区

天优 8025 ……………………………… 30
中浙优 10 号 …………………………… 32
中早 39 ………………………………… 34
中 2 优 280 ……………………………… 36
荣丰优 225 ……………………………… 38

长江上游稻区

广两优 272 ……………………………… 40
广两优 5 号 ……………………………… 42
蓉 18 优 662 …………………………… 44
Q 优 28 ………………………………… 46
广优 9939 ……………………………… 48

华南稻区

深优 9586 ……………………………… 50
特优 831 ………………………………… 52
特优 7571 ……………………………… 54

第二部分 小麦优质新品种

北部冬麦区

中麦 816 ·············· 58

轮选 167 ·············· 60

中麦 629 ·············· 62

京花 11 号 ·············· 64

黄淮冬麦区南片区

徐麦 33 ·············· 66

徐麦 31 ·············· 68

淮麦 35 ·············· 70

黄淮麦区南片区

郑麦 101 ·············· 72

宿 553 ·············· 74

江苏省淮北麦区

淮麦 32 ·············· 76

河南省区域

郑麦 0856 ·············· 78

郑麦 583 ·············· 80

洛旱 10 号 ·············· 82

陕西省区域
西农 165 ·············· 84

黄淮麦区北片区
山农 22 号 ·············· 86

黄淮冬麦区北片区
石麦 22 号 ·············· 88

石优 20 号 ·············· 90

山东省区域
泰山 28 ·············· 92

长江中下游麦区
扬麦 20 ·············· 94

宁麦 19 ·············· 96

宁麦 20 ·············· 98

轮选 22 ·············· 100

西南麦区
川麦 61 ·············· 102

川麦 62 ·············· 104

川麦 63 ·············· 106

昌麦 29 ·············· 108

东北春麦区
龙麦 33 ·················· 110
龙麦 35 ·················· 112

西北春麦区
巴丰 5 号 ················· 114
宁春 52 号 ················ 116

第三部分　玉米优质新品种

黄淮玉米区
鲁单 6076 ················ 120
诺达 1 号 ················· 122
山农 206 ················· 124
登海 678 ················· 126
金王花糯 2 号 ············· 128
金王紫糯 1 号 ············· 130
郑单 2098 ················ 132
郑单 1002 ················ 134
洛玉 818 ················· 136
新单 38 ·················· 138
冀玉 19 ·················· 140

粮食作物新品种

苏玉 37 ……………………… 142
农单 08-5 …………………… 144
CN9127 ……………………… 146

东华北玉米区

龙单 70 ……………………… 148
吉单 33 ……………………… 150
丹玉 508 号 ………………… 152
辽单 502 ……………………… 154
辽 1（宁单 15）……………… 156
吉农糯 8 号 ………………… 158
冀玉 18 ……………………… 160
宁禾 0709 …………………… 162

西南玉米区

荃玉 9 号 …………………… 164
金玉 506 ……………………… 166
川单 189 ……………………… 168
云瑞 10 号 …………………… 170

第一部分　水稻优质新品种

粮食作物新品种

北方稻区

龙粳31

龙粳31由黑龙江省农业科学院佳木斯水稻研究所与黑龙江省龙粳高科有限责任公司合作育成,是适宜黑龙江省第三积温带上限种植的新品种。

审定号:黑审稻2011004

主要性状

粒重:千粒重26.3 g,每穗总粒86粒左右。

产量表现:2008—2009年区域试验平均亩(1亩≈667 m^2。全书同)产544.3 kg,较对照品种空育131增产5.7%;2010年生产试验平均亩产609.3 kg,较对照品种空育131增产12.6%。

米质表现:主要品质性状达优质米1~2级。

抗性表现:稻瘟病叶瘟3~5级,穗颈瘟1~5级(最高9级)。

种植技术要点

播种与插秧:4月15—25日播种,5月15—25日插秧。该品种分蘖力中等,适当合理密植,

插秧规格 30 cm×13.3 cm 左右，每穴 4～5 株。

田间管理：中等肥力地块参考施肥量亩施尿素 13～16 kg，二铵 7 kg，硫酸钾 7～10 kg。花达水插秧，分蘖期浅水灌溉，分蘖末期晒田，后期间歇灌溉。及时预防和控制病、虫、草害的发生。注意加强对恶苗病的防治，保证浸种处理的浓度、温度和时间，达到消毒效果。成熟后及时收获。该品种亦可直播栽培。

技术来源：黑龙江省农业科学院佳木斯水稻研究所

咨 询 人：潘国君

松粳 16

松粳 16 由黑龙江省农业科学院五常水稻研究所育成,是适宜黑龙江省第一积温带上限种植的新品种。

审定号:黑审稻 2012002

主要性状

粒重:千粒重 25 g,每穗总粒 125 粒左右。

产量表现:2009—2010 年区域试验平均亩产 623.5 kg,较对照品种牡丹江 27 增产 6.6%;2011 年生产试验平均亩产 611.9 kg,较对照品种牡丹江 27 增产 10.2%。

米质表现:主要品质性状达优质米 1~2 级。

抗性表现:稻瘟病叶瘟 0~5 级,穗颈瘟 0~3 级(最高 9 级)。

种植技术要点

播种与插秧:4 月 10—15 日播种,5 月 15—20 日插秧。插秧规格 30 cm×16.7 cm,每穴 2~4 株。

田间管理:一般亩施纯氮8~10kg,氮:磷:钾=2:1:1。氮肥50%、钾肥50%、磷肥全部做基肥,插秧7天左右施入氮肥20%做分蘖肥,6月30日左右施入氮肥20%做调节肥,7月15日左右施入氮肥10%和钾肥50%做穗肥。适时早育苗、早插秧,采用浅水灌溉。及时预防病虫害。

技术来源:黑龙江省农业科学院五常水稻研究所

咨询人:闫 平

绥粳 14

绥粳 14 由黑龙江省农业科学院绥化分院及黑龙江省龙科种业集团有限公司合作育成,是适宜黑龙江省第二积温带上限种植的新品种。

审定号:黑审稻 2013006

主要性状

粒重:千粒重 26.7 g,每穗总粒 119 粒左右。

产量表现:2010—2011 年区域试验平均亩产 584.0 kg,较对照品种龙稻 3 号增产 10.2%;2012 年生产试验平均亩产 615.8 kg,较对照品种龙稻 5 号增产 9.6%。

米质表现:主要品质性状达优质米 1~2 级。

抗性表现:稻瘟病叶瘟 0~1 级,穗颈瘟 0~1 级(最高 9 级)。

种植技术要点

播种与插秧:4 月 10—18 日播种,5 月 21—27 日插秧。插秧规格 30 cm×13.3 cm,每穴 3~5 株。

田间管理：基肥、分蘖肥、穗肥及穗粒肥，施氮肥的比例为 3∶3∶3∶1，亩施尿素 18 kg，磷酸二铵 7 kg，硫酸钾 7 kg。

技术来源：黑龙江省农业科学院绥化分院

咨 询 人：谢树鹏

龙稻 18

龙稻 18 由黑龙江省农业科学院耕作栽培研究所育成,是适宜黑龙江省第一积温带种植的新品种。

审定号:黑审稻 2014005

主要性状

粒重:千粒重 27 g,每穗总粒 140 粒左右。

产量表现:2011—2012 年区域试验平均亩产 585.5 kg,较对照品种龙稻 11 增产 6.4%;2013 年生产试验平均亩产 566.0 kg,较对照品种龙稻 11 增产 10.2%。

米质表现:主要品质性状达优质米 1~2 级。

抗性表现:稻瘟病叶瘟 0~1 级,穗颈瘟 0 级(最高 9 级)。

种植技术要点

播种与插秧:4 月 20 日播种,5 月 20 日插秧。插秧规格 30 cm×13.3 cm,每穴 2~3 株。

田间管理：基肥、分蘖肥、穗肥及穗粒肥，施氮肥的比例为 3∶3∶3∶1，亩施尿素 18 kg，磷酸二铵 7 kg，硫酸钾 7 kg。旱育稀植，干湿交替。

技术来源：黑龙江省农业科学院耕作栽培研究所
咨 询 人：张凤鸣

 粮食作物新品种

吉粳511

吉粳511由吉林省农业科学院水稻研究所育成,是适宜吉林省中晚熟平原稻区种植的优质抗病新品种,2013年吉林省水稻主导品种。

审定号:吉审稻2011211

主要性状

粒重:千粒重23.4 g,每穗总粒数131.4粒,结实率86.3%。

产量表现:2010年参加吉林省区域试验,平均亩产587.5 kg,比对照品种通35增产4.6%;2011年参加吉林省区域试验,平均亩产584.1 kg,比对照品种通35增产5.9%;两年区域试验平均亩产585.8 kg,比对照品种通35增产5.3%。

米质表现:整精米率69.9%,垩白度1.3%,直链淀粉含量16.7%,米质达到二等食用粳稻品种品质规定要求。

抗性表现:对叶瘟的抗性为中抗(MR),对穗瘟的抗性为中感(MS),对纹枯病的抗性达到中抗(MR)。

种植技术要点

播种与插秧：稀播育壮秧，4月中旬播种，播种量每平方米催芽种子250 g。5月中下旬插秧，行株距30 cm×（15～20）cm，每穴插3～5苗。

田间管理：农家肥和化肥相结合，氮磷钾配合施用，亩施纯氮10～12 kg，按底肥、蘖肥、补肥、穗肥4∶3∶2∶1比例分期施用。亩施纯磷5 kg作为底肥一次施用，纯钾5 kg分两次施用，底肥和拔节期各施50%。盐碱地要配施锌肥。水分管理采用浅湿交替间歇灌溉方式。7月上中旬注意防治二化螟，生育期间注意及时防治稻瘟病。

技术来源：吉林省农业科学院水稻研究所
咨 询 人：郭桂珍

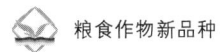

吉农大878

吉农大878由吉林农业大学育成,是适宜吉林省晚熟平原稻区种植的优质高产新品种。

审定号:吉审稻2013023

主要性状

粒重:千粒重23.6 g,每穗总粒数96.8粒,结实率91.0%。

产量表现:2011—2012两年区域试验平均亩产583.0 kg,比对照品种秋光增产4.6%;生产试验亩产584.0 kg,比对照品种秋光增产6.0%。

米质表现:整精米率72.6%,垩白度0.5%,直链淀粉含量16.8%,米质达到一等食用粳稻品种品质规定要求。

抗性表现:对叶瘟的抗性为中感(MS),对穗瘟的抗性为中感(MS),对纹枯病的抗性达到中抗(MR)。

种植技术要点

播种与插秧：稀播育壮秧，4月上旬播种，钵盘育苗每孔3～5粒。行株距30 cm×20 cm，每穴3～4棵苗。

田间管理：农家肥与化肥相结合，氮、磷、钾配方施肥。亩施纯氮10 kg，按底肥40%、分蘖肥30%、补肥20%、穗肥10%的比例分期施用。亩施纯磷5 kg做底肥，纯钾5 kg分两次施用，底肥和拔节期追肥各施50%。盐碱地要施锌肥。水分管理采用浅、深、浅及后期间歇灌溉方式。7月上中旬注意防治二化螟，生育期间注意及时防治稻瘟病。

技术来源：吉林农业大学
咨 询 人：马景勇

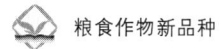

粮食作物新品种

粳优 558

粳优 558 由辽宁省水稻研究所育成,是适宜辽宁省沈阳市以南种植的优质米新组合。

审定号:辽审稻 2011250

主要性状

粒重:千粒重 25.3 g,每穗总粒 144.4 粒,结实率 86.6%。

产量表现:2009—2010 年参加辽宁省水稻中晚熟组区域试验,两年平均亩产 641.9 kg,比对照辽粳 9 号增产 9.0%;2010 年参加同组生产试验,平均亩产 584.2 kg,比对照辽粳 9 号增产 11.1%。

米质表现:经农业部稻米及制品质量监督检验测试中心(杭州)测定,糙米率 83.2%,精米率 75.6%,整精米率 74.6%,粒长 5.0 mm,籽粒长宽比 1.7,垩白粒率 12%,垩白度 1.3%,透明度 1 级,碱硝值 7.0,胶稠度 82 mm,直链淀粉 16.3%,蛋白质 9.7%,米质优。

抗性表现:经 2009—2010 两年田间穗颈瘟病情鉴定调查,抗穗颈瘟。

种植技术要点

播种与插秧：4月中旬播种，5月末插秧，行株距 30 cm×13.4 cm，每穴 3～5 苗。

田间管理：亩施标氮肥 40～50 kg，磷肥 15 kg，钾肥 1～1.5 kg。整个生育期采用节水灌溉技术，采取浅—湿—干间歇灌溉。注意防治二化螟，预防稻瘟病、稻曲病的发生。

技术来源：辽宁省水稻研究所
咨 询 人：邵国军

辽粳346

辽粳346由辽宁省水稻研究所育成,是适宜辽宁省东部及北部种植的新品种。

审定号:辽审稻2012256

主要性状

粒重:千粒重24.5 g,每穗总粒136粒,结实率81%。

产量表现:2010—2011年参加辽宁省水稻中早熟组区域试验,两年平均亩产556.6 kg,比对照沈农315增产6.8%;2011年参加同组生产试验,平均亩产574.8 kg,比对照沈农315号增产6.0%。

米质表现:经农业部稻米及制品质量监督检验测试中心(杭州)测定,糙米率83.8%,精米率75.3%,整精米率73.7%,粒长4.7 mm,籽粒长宽比1.7,垩白率14%,垩白度2.0%,透明度1级,碱消值7.0级,胶稠度80 mm,直链淀粉18.4%,蛋白质10.1%,米质优。

抗性表现:经2010—2011两年田间穗颈瘟病情鉴定调查,中抗穗颈瘟。

种植技术要点

播种与插秧：4月上旬播种，5月中旬插秧，行株距30 cm×（13.3～16.6）cm，每穴3～4苗。

田间管理：亩施标氮肥50～60 kg，磷肥10 kg，钾肥1.5 kg。采用浅—湿—干间歇灌溉；注意防治二化螟。

技术来源：辽宁省水稻研究所
咨 询 人：邵国军

长江流域粳稻区

宁粳 5 号

宁粳 5 号（香粳 14×镇稻 88）是南京农业大学农学院育成的迟熟中粳稻品种。适宜江苏省苏中及宁镇扬丘陵地区种植。

审定号：苏审稻 201111

主要性状

粒重：每穗实粒数 116.9 粒，结实率 90.2%，千粒重 26.7 g。

产量表现：2008—2009 年江苏省区试，两年平均亩产 605.4 kg，较对照淮稻 9 号增产 1.88%，2008 年增产不显著，2009 年增产极显著；2010 年生产试验平均亩产 606.7 kg，较对照淮稻 9 号增产 5.4%。

米质表现：根据农业部食品质量检测中心 2010 年检测，整精米率 71.5%，垩白粒率 20.0%，垩白度 1.6%，胶稠度 85.0 mm，直链淀粉含量 15.5%，达到国标二级优质稻谷标准。

抗性表现：感穗颈瘟，中感白叶枯病、纹枯

病、条纹叶枯病。

种植技术要点

播种与插秧：4月底至5月初播种，播前用药剂浸种预防恶苗病和干尖线虫病等种传病害；湿润育秧净秧板播量每亩20 kg左右，旱育秧净秧板播量每亩30～40 kg，大田用种量每亩3～4 kg。秧龄30天左右移栽，栽插密度每亩1.8万～2万穴，基本苗每亩6万～7万株。

田间管理：一般亩施纯氮14.6～18 kg，基肥与穗肥之比以6∶4为宜，基肥在整地前施入，穗肥宜促保兼顾。水浆管理上，薄水栽秧、寸水活棵、浅水分蘖、深水抽穗扬花、后期干湿交替，忌断水过早。秧田期和大田期注意防治灰飞虱、稻蓟马，中、后期根据当地病虫测报综合防治纹枯病、三化螟、稻纵卷叶螟、稻飞虱等。

技术来源：南京农业大学农学院

咨询人：江　玲

南粳 9108

南粳9108（武香粳14号/关东194）是江苏省农业科学院粮食作物研究所育成的迟熟中粳稻品种。适宜江苏省苏中及宁镇扬丘陵地区种植。

审定号：苏审稻201306

主要性状

粒重：穗实粒数125.5粒，结实率94.2%，千粒重26.4 g。

产量表现：2011—2012年参加江苏省区试，两年区试平均亩产644.2 kg；2011年较对照淮稻9号增产5.2%，增产达极显著水平；2012年较对照淮稻9号增产3.2%，较对照镇稻14增产0.1%；2012年生产试验平均亩产652.1 kg，较对照淮稻9号增产7.3%。

米质表现：根据农业部食品质量检测中心2012年检测，整精米率71.4%，垩白粒率10.0%，垩白度3.1%，胶稠度90 mm，直链淀粉含量14.5%。属半糯类型，为优质食味品种。

抗性表现：感穗颈瘟，中感白叶枯病，高感

纹枯病，抗条纹叶枯病。

种植技术要点

播种与插秧：5月上中旬播种，机插育秧5月下旬播种。每亩净秧板播量20 kg左右，旱育秧每亩净秧板播量40～50 kg，塑盘育秧每盘100～120 g，每亩大田用种量3～4 kg。移栽稻秧龄控制在30天左右，机插稻秧龄控制在18～20天，亩栽1.6万～1.8万穴，每亩茎蘖苗7万～8万株。

田间管理：一般亩施纯氮16～18 kg，肥料运筹上掌握"前重、中稳、后补"的原则，基蘖肥、穗肥比例以7∶3为宜。为保持其优良食味品质，宜少施氮肥，注重磷钾肥的配合施用，多施有机肥。前期薄水勤灌促进早发，中期干湿交替强秆壮根，后期湿润灌溉活熟到老。收获前7～10天断水，切忌断水过早。特别要注意黑条矮缩病、穗颈稻瘟病和纹枯病的防治。

技术来源：江苏省农业科学院粮食作物研究所
咨 询 人：王才林

镇稻 18 号

镇稻 18 号（镇稻 99／武运粳 7 号）是江苏丰源种业有限公司和江苏丘陵地区镇江农业科学研究所育成的早熟晚粳稻品种，适宜江苏省沿江及苏南地区种植。

审定号：苏审稻 201311

主要性状

粒重：每穗实粒数 125.9 粒，结实率 93.2%，千粒重 26.3 g。

产量表现：2010—2011 年参加江苏省区试，两年平均亩产 638.0 kg，比对照宁粳 1 号增产 5.7%，两年增产均达极显著水平；2012 年生产试验平均亩产 702.0 kg，比对照增产 9.4%。

米质表现：根据农业部食品质量检测中心 2010 年检测，整精米率 71.9%，垩白率 20%，垩白度 2.2%，胶稠度 83 mm，直链淀粉含量 14.4%。米质较优，食味佳。

抗性表现：中感穗颈瘟，中抗白叶枯病，感纹枯病，中感条纹叶枯病。

种植技术要点

播种与插秧：5月中旬播种，湿润育秧每亩净秧板播量25～30 kg，旱育秧每亩净秧板播量40 kg左右。机插秧5月20—25日播种，每亩用种量3.0 kg，秧龄18～20天。6月上中旬移栽，秧龄控制在30天左右，每亩栽插1.8万穴左右，每亩大田基本苗6万～8万株。

田间管理：一般亩施纯氮20 kg左右，肥料运筹掌握"前重、中稳、后补"的原则，早施分蘖肥，在中期稳健的基础，适时施好穗肥。基蘖肥与穗肥比例以6∶4为宜。水浆管理掌握前期浅水勤灌，当茎蘖数达到20万株左右时，分次适度搁田，后期湿润灌溉，成熟后7～10天断水，切忌断水过早。播前用药剂浸种防治恶苗病和干尖线虫病等种传病虫害，秧田期和大田期注意灰飞虱、稻蓟马等的防治，中、后期要综合防治纹枯病、稻曲病、螟虫、稻纵卷叶螟、稻飞虱等。特别要注意黑条矮缩病、穗颈瘟的防治。

技术来源：江苏丰源种业有限公司
　　　　　江苏丘陵地区镇江农业科学研究所
咨 询 人：盛生兰

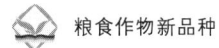
粮食作物新品种

镇糯 19 号

镇糯 19 号（武运粳 21 号/武香糯 2402）是江苏丰源种业有限公司和江苏丘陵地区镇江农业科学研究所育成的早熟晚粳糯稻品种，适宜江苏省沿江及苏南地区种植。

审定号：苏审稻 201312

主要性状

粒重：每穗实粒数 129.4 粒，结实率 93.8%，千粒重 26.3 g。

产量表现：2010—2011 年参加江苏省区试，两年平均亩产 637.8 kg，2010 年比对照宁粳 1 号增产 5.6%，两年增产均达极显著水平；2012 年生产试验平均亩产 683.4 kg，比对照宁粳 1 号增产 6.5%。

米质表现：根据农业部食品质量检测中心 2010 年检测，整精米率 71.4%，垩白率糯，垩白度糯，胶稠度 100 mm，直链淀粉含量 1.3%，达到国标优质糯稻谷标准。

抗性表现：中抗白叶枯病，中感条纹叶枯病、稻瘟病，感纹枯病。

种植技术要点

播种与插秧：5月中旬播种，湿润育秧每亩净秧板播量2 530 kg，旱育秧每亩净秧板播量40 kg左右。机插秧5月20—25日播种，每亩用种量3.0 kg，秧龄18～20天。6月上中旬移栽，秧龄控制在30天左右，每亩栽插1.8万穴左右，每亩大田基本苗6万～8万株。

田间管理：亩施纯氮20 kg左右，肥料运筹掌握"前重、中稳、后补"的原则，早施分蘖肥，在中期稳健的基础，适时施好穗肥。基蘖肥与穗肥比例以6∶4为宜。水浆管理掌握前期浅水勤灌，当茎蘖数达到20万株左右时，分次适度搁田，后期湿润灌溉，成熟后7～10天断水，切忌断水过早。播前用药剂浸种防治恶苗病和干尖线虫病等种传病虫害，秧田期和大田期注意灰飞虱、稻蓟马等的防治，中、后期要综合防治纹枯病、稻曲病、螟虫、稻纵卷叶螟等。特别要注意黑条矮缩病、穗颈瘟的防治。

技术来源：江苏丰源种业有限公司
　　　　　江苏丘陵地区镇江农业科学研究所
咨 询 人：盛生兰

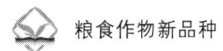 粮食作物新品种

常优粳 6 号

常优粳 6 号（常 119A×CR-312）是常熟市农业科学研究所育成的三系杂交晚粳稻组合，适宜在江苏省沿江及苏南地区种植。

审定号：苏审稻 201316

主要性状

农艺性状：株高 123 cm，每亩有效穗 15.2 万，每穗实粒数 156.7 粒，结实率 87.1%，千粒重 27.8 g，全生育期 166 天。株型紧凑，长势较旺，分蘖力较强，叶色绿，叶姿较挺，抗倒性较强，熟期转色较好。

产量表现：2010—2011 年参加江苏省区试，两年区试平均亩产 629.8 kg，较对照常优 1 号增产 8.8%，两年较对照增产均达极显著水平；2012 年生产试验平均亩产 689.0 kg，较对照甬优 8 号增产 3.5%。

米质表现：根据农业部食品质量监督检验测试中心 2010 年检测，整精米率 73.2%，垩白粒率 16%，垩白度 1.9%，胶稠度 75.0 mm，直链淀粉

含量16.0%,达到国标二级优质稻谷标准。

抗性表现:中抗穗颈瘟,中感白叶枯病,中抗纹枯病,中感条纹叶枯病。

种植技术要点

播种与插秧:5月中旬播种,湿润育秧每亩净秧板播种量10 kg左右,旱育秧每亩播种量20 kg左右。6月中旬移栽,秧龄30天左右,每亩大田栽插1.5万~1.8万穴,每亩基本苗5万~6万株。

田间管理:一般亩施纯氮量15 kg左右,肥料运筹上采取"前重、中控、后补"的原则,并重视磷钾肥和有机肥的配合施用。水浆管理上,注意浅水栽插,寸水活棵,薄水分蘖,足苗后适时分次搁田,后期干干湿湿,养根保叶,活熟到老,收割前一周断水。播前用药剂浸种防治恶苗病和干尖线虫病等种传病虫害,秧田期和大田前期注意防治灰飞虱、稻蓟马,中后期综合防治纹枯病、稻曲病、穗颈瘟、螟虫、稻纵卷叶螟、稻飞虱等。要注意黑条矮缩病、白叶枯病的防治。

技术来源:常熟市农业科学研究所
咨 询 人:朱永良

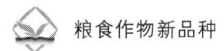粮食作物新品种

金粳优 11 号

金粳优 11 号（金粳 11A×津恢 1 号）是天津市水稻研究所育成的粳型三系杂交水稻品种，适宜辽宁省南部、北京市、天津市稻区种植。

审定号：国审稻 2013041

主要性状

农艺性状：全生育期平均 162.5 天，比对照津原 85 长 2.5 天。株高 119.6 cm，穗长 19.9 cm，每亩有效穗数 20.7 万穗，每穗总粒数 168.7 粒，结实率 78.5%，千粒重 24.2 g。

产量表现：2010 年参加中早粳晚熟组品种区域试验，平均亩产 636.4 kg，比对照津原 85 增产 10.0%；2011 年续试，平均亩产 658.3 kg，比津原 45 增产 8.4%；两年区域试验平均亩产 648.2 kg，比对照品种增产 9.1%。2012 年生产试验，平均亩产 664.9 kg，比津原 45 增产 11.9%。

米质表现：整精米率 63.7%，垩白粒率 33%，垩白度 4.5%，直链淀粉含量 15.7%，胶稠度 81 mm。

抗性表现：稻瘟病综合抗性指数 3.5 级，穗

颈瘟损失率最高级 3 级,条纹叶枯病最高发病率 6.2%。中抗稻瘟病,抗条纹叶枯病。

种植技术要点

播种与插秧:适时播种,培育带蘖壮秧。秧龄 35 天左右移栽,株行距 26.6 cm×13.3 cm,每穴插 3～4 粒谷苗。

田间管理:氮、磷、钾、锌肥配合施用。注意干湿交替,确保有效穗 20 万左右。药剂浸种,注意防治稻曲病。

技术来源:天津市水稻研究所
咨 询 人:苏京平

长江中下游稻区

天优 8025

天优 8025 由中国水稻研究所选育，适宜在浙江省作连作晚稻种植。

审定号：浙审稻 2013013

主要性状

粒重：每穗总粒数 203.1 粒，结实率 81.0%，千粒重 25.8 g。

产量表现：2010—2011 年参加浙江省区试平均亩产 539.0 kg，比对照增产 6.1%。2012 年浙江省生产试验平均亩产 577.8 kg，比对照增产 9.2%。

米质表现：整精米率 63.9%，垩白度 7.1%，透明度 2 级，胶稠度 65 mm，直链淀粉含量 25.2%。

抗性表现：稻瘟病综合指数 3.6 级，白叶枯病 7 级，褐稻虱 8 级。

种植技术要点

播种与插秧：一般 6 月中下旬播种，培育壮秧。秧龄 25 左右移栽，亩栽插基本苗 5 万～6 万株。

田间管理：多施用有机肥，适当配施磷、钾肥，移栽后早施追肥，尿素与氯化钾混合施用；穗粒肥依苗情适施。浅水促蘖，排水重晒田，后期干湿交替防早衰。重点防治稻瘟病、稻曲病、纹枯病、稻飞虱、螟虫等病虫害。

技术来源：中国水稻研究所
咨 询 人：曹立勇

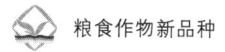 粮食作物新品种

中浙优 10 号

中浙优 1 号由中国水稻研究所与浙江勿忘农种业股份有限公司合作育成,适宜在浙江省作单季稻种植。

审定号:浙审稻 2012014

主要性状

粒重:每穗总粒数 189.2 粒,结实率 83.5%,千粒重 27.4 g。

产量表现:2009—2010 年参加浙江省单季杂交籼稻区试,平均亩产 570.3 kg,比对照两优培九增产 5.1%;2011 年浙江省生产试验平均亩产 600.2 kg,比对照两优培九增产 3.3%。

米质表现:整精米率 47.0%,长宽比 3.0,垩白粒率 31.0%,垩白度 5.5%,透明度 3 级,胶稠度 79 mm,直链淀粉含量 12.7%。

抗性表现:叶瘟 2.2 级,穗瘟 4.0 级,穗瘟损失率 3.2%,综合指数为 2.9;白叶枯病 7 级;褐稻虱 9 级。

种植技术要点

播种与插秧:在浙江于 5 月底作单季稻种植,秧龄控制在 25 天左右。每亩插 1.2 万~ 1.5 万穴左右,最高苗控制在每亩 25 万~ 28 万株。

田间管理:施足基肥、早施追肥,配合增施磷钾肥和有机肥;注意后期控制氮肥用量。注意对稻瘟病、白叶枯病、纹枯病、螟虫、卷叶虫和飞虱等病虫害的防治。

技术来源:中国水稻研究所
咨 询 人:童汉华

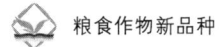

中早 39

中早 39 由中国水稻研究所育成的籼型常规水稻，适宜江西、湖南、湖北、浙江等省及安徽省长江以南白叶枯病轻发区的双季稻区种植。

审定号：国审稻 2012015

主要性状

粒重：每穗总粒数 125.3 粒，结实率 84.1%，千粒重 26.0 g。

产量表现：2009—2010 年参加长江中下游早籼早中熟组区域试验，平均亩产 482.9 kg，比株两优 819 增产 3.1%；2011 年生产试验，平均亩产 523.7 kg，比株两优 819 增产 6.1%。

米质表现：整精米率 69.1%，长宽比 1.9，垩白粒率 98%，垩白度 22.5%，胶稠度 48 mm，直链淀粉含量 24.2%。

抗性表现：稻瘟病综合指数 1.8，穗瘟损失率最高级 5 级，白叶枯病 7 级，褐飞虱 9 级。

种植技术要点

播种与插秧：塑料软盘育秧 3 月 20—25 日播种，地膜湿润育秧 3 月下旬播种，秧田亩播量 40 kg 左右，亩栽插基本苗 10 万株左右。

田间管理：需肥量中等偏上，适当增施钾肥，施足基肥，早施追肥，亩施纯氮 $10\sim12$ kg，氮、磷、钾肥比例为 1:0.5:1。浅水分蘖，适时晒田，多露轻晒，有水抽穗，干湿壮籽，成熟收割前 $4\sim6$ 天断水，忌断水过早。严格种子消毒防止恶苗病发生，及时防治稻瘟病等病虫害。

技术来源：中国水稻研究所
咨 询 人：杨长登

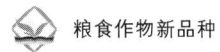
粮食作物新品种

中2优280

中2优280由中国水稻研究所育成,适宜湖南省、江西省中北部、广西壮族自治区北部、福建省北部、浙江省中南部的稻瘟病轻发的双季稻区作早稻种植。

审定号:国审稻2011002

主要性状

粒重:每穗总粒数189.2粒,结实率83.5%,千粒重27.4 g。

产量表现:2008—2009年参加长江中下游早籼迟熟组品种区域试验,平均亩产520.5 kg,比对照金优402增产3.8%,增产点比率70.0%;2010年生产试验,平均亩产450.9 kg,比对照金优402增产3.9%。

米质表现:整精米率65.3%,长宽比3.0,垩白粒率19%,垩白度4.0%,胶稠度81 mm,直链淀粉含量13.6%。

抗性表现:稻瘟病综合指数4.6级,穗瘟损失率最高级7级;白叶枯病5级;褐飞虱9级;白背飞虱9级。

种植技术要点

播种与插秧：育秧时要做好种子消毒处理，每亩大田用种量 1.5～2 kg，适时播种，培育壮秧。移栽时要注意适宜秧龄移栽，每穴栽插 2～3 粒种子苗。

田间管理：施足基肥，早施追肥，每亩施用纯氮 10～12 kg，配合施用磷、钾肥。前中期做到浅水勤灌，干湿交替，适时搁田，后期采用湿润灌溉，不过早断水。注意及时防治稻瘟病、纹枯病、二化螟、稻纵卷叶螟、稻飞虱等病虫害。

技术来源：中国水稻研究所
咨 询 人：唐绍清

粮食作物新品种

荣丰优225

荣丰优225由江西省农科院水稻所和广东省农科院水稻所选育，适宜长江中下游作双季晚稻种植。

审定号：国审稻2012029

主要性状

粒重：千粒重25.7 g，每穗总粒数157.7粒，结实率74.9%。

产量表现：2009年参加长江中下游晚籼早熟组区域试验，平均亩产506.9 kg，比对照金优207增产8.5%；2010年续试，平均亩产526.0 kg，比金优207增产11.7%。两年区域试验平均亩产516.4 kg，比金优207增产10.1%。2011年生产试验，平均亩产510.5 kg，比金优207增产3.4%。

米质表现：主要理化指标达国标2级优质稻谷质量标准。

抗性表现：稻瘟病综合指数5.8级，穗瘟损失率最高级9级，白叶枯病5级，褐飞虱9级，黑条矮缩病发病率63%。高感稻瘟病、黑条矮缩

病、褐飞虱，中感白叶枯病，

种植技术要点

播种与插秧：适时早播，稀播匀播，秧龄不超过30天，培育壮秧。栽插规格13.3 cm×26.7 cm或16.7 cm×20 cm，每穴栽插2粒种子苗。

田间管理：亩施纯氮10～13 kg、五氧化二磷5～7 kg、氧化钾10～13 kg，施足基肥，稳施促蘖肥，基肥、蘖肥比例6.5∶3.5，后期看苗补施穗肥。浅水返青，浅水分蘖，够苗晒田，薄水抽穗，干湿壮籽，收获前5～7天断水。注意及时防治稻瘟病、黑条矮缩病、白叶枯病、纹枯病、螟虫、稻飞虱等病虫害。

技术来源：江西省农业科学院水稻所

咨 询 人：蔡耀辉

粮食作物新品种

长江上游稻区

广两优 272

广两优 272 由湖北省农业科学院粮食作物研究所选育,适宜湖北省鄂西南以外的稻瘟病无病区或轻病区作中稻种植。

审定号:鄂审稻 2012003

主要性状

粒重:千粒重 28.63 g,每穗总粒数 174.5 粒,结实率 82.6%。

产量表现:2010 年湖北省区域试验亩产 579.2 kg,比对照扬两优 6 号减产 0.45%;2011 年续试亩产 629.8 kg,比对照扬两优 6 号增产 2.59%。两年区域试验平均亩产 604.50 kg,比对照扬两优 6 号增产 1.11%。

米质表现:主要理化指标达国标 2 级优质稻谷质量标准。

抗性表现:抗病性鉴定稻瘟病综合指数 6.9,穗瘟损失率最高级 9 级;白叶枯病 5 级;高感稻瘟病,中感白叶枯病。

种植技术要点

播种与插秧：鄂北4月中旬播种，江汉平原及鄂东等地4月下旬至5月初播种，亩播种量7 kg，亩用种量1.0 kg，秧龄不超过35天，亩插基本苗6万～8万株。

田间管理：亩施纯氮12～15 kg。插秧后20～25天晒田，齐穗期灌足水，后期干湿管理。重点防治好稻曲病和螟虫、稻飞虱等病虫害，特别注意防治稻瘟病。

技术来源：湖北省农业科学院粮食作物研究所
咨 询 人：游艾青

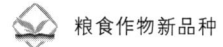粮食作物新品种

广两优 5 号

广两优 5 号由湖北省农业科学院粮食作物研究所选育,适宜湖北省鄂西南以外的稻瘟病无病区或轻病区作中稻种植。

审定号:鄂审稻 2013005

主要性状

粒重:千粒重 28.47 g,每穗总粒数 179.4 粒,结实率 80.4%。

产量表现:2011 年湖北省区域试验亩产624.5 kg,比对照扬两优 6 号减产 1.81%;2012 年续试亩产 635.5 kg,比对照扬两优 6 号增产 2.30%。两年区域试验平均亩产 630.0 kg,比对照扬两优 6 号增产 2.05%。

米质表现:主要理化指标达国标 2 级优质稻谷质量标准。

抗性表现:抗病性鉴定稻瘟病综合指数 6.8,穗瘟损失率最高级 9 级;白叶枯病 5 级;高感稻瘟病,中感白叶枯病。

种植技术要点

播种与插秧：鄂北4月20日左右播种，江汉平原及鄂东等地5月10日左右播种，亩播种量7 kg，亩用种量1.0 kg，秧龄不超过30天，亩插基本苗6万～8万株。

田间管理：亩施纯氮不高于12.5 kg。插秧后20～25天晒田，齐穗期灌足水，后期干湿管理。重点防治稻瘟病，注意防治稻曲病和螟虫、稻飞虱等病虫害。

技术来源：湖北省农业科学院粮食作物研究所
咨 询 人：游艾青

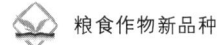

蓉18优662

蓉18优662由绵阳市农业科学研究院、成都市农林科学院作物研究所联合选育,适宜长江上游作一季中稻种植。

审定号:国审稻2012011号

主要性状

粒重:千粒重28.3 g左右,每穗平均粒数180粒,结实率78.6%左右。

产量表现:2009年参加长江上游中籼迟熟组区域试验,平均亩产553.7 kg,比对照Ⅱ优838增产0.03%;2010年续试,平均亩产576.7 kg,比Ⅱ优838增产2.7%。两年区域试验平均亩产565.2 kg,比Ⅱ优838增产1.4%。2011年生产试验,平均亩产599.3 kg,比Ⅱ优838增产4.7%。

米质表现:主要品质性状达优质米2级。

抗性表现:稻瘟病综合指数3.9级,穗瘟损失率最高级5级,抗性频率41.1%,褐飞虱9级,中感稻瘟病,高感褐飞虱。

种植技术要点

播种与插秧：秧龄45天以内，培育多蘖壮秧。移栽时带3个以上分蘖，亩基本苗10万株以上。

田间管理：增施磷、钾肥，巧施穗粒肥，一般亩施尿素15～20 kg、过磷酸钙40 kg、钾肥15 kg，氮肥按底肥、分蘖肥、穗粒肥6:3:1比例施用，磷肥全作底肥，钾肥分底肥和穗肥两次施用。返青期深水护苗，分蘖期浅水勤灌，够苗后及时晒田，后期干湿交替。播前做好种子消毒处理，注意及时防治稻瘟病、纹枯病、螟虫、稻飞虱等病虫害。

技术来源：绵阳市农业科学研究院
咨 询 人：王　志

粮食作物新品种

Q优28

Q优28由重庆中一种业有限公司、重庆市农业科学院联合选育。适宜重庆市海拔800 m以下地区作一季中稻种植。

审定号：渝审稻2011001

主要性状

粒重：千粒重29.9 g左右，每穗平均粒数179粒，结实率84.9%。

产量表现：2008年参加重庆市区试，两年区试，12个点次增产，3个点次减产，产量变幅482.5～651.83 kg，平均亩产568.68 kg，比对照Ⅱ优838增产5.19%。2009年生产试验，平均亩产571.02 kg，比对照Ⅱ优838增产5.79%。两年区试和生产试验增产点率83.3%。

米质表现：米质一般。

抗性表现：稻瘟病综合评价5级，抗性评价中感；白叶枯病7级，中抗白叶枯病。

第一部分 水稻优质新品种

种植技术要点

播种与插秧：适宜重庆市海拔 800 m 以下地区作一季中稻种植。渝西及沿江河谷地区 3 月上中旬播种，深丘及武陵山区适宜 3 月下旬至 4 月初播种。每穴栽两粒谷苗，每亩 1.2 万穴左右。种子应进行包衣处理，注意防治稻瘟病。

注意事项：在重庆市的南川区、秀山区、万州县慎用。

技术来源：重庆中一种业有限公司
咨 询 人：李贤勇

广优9939

广优9939由绵阳市农业科学研究院、三明市农业科学研究院联合选育。适宜四川省平坝、丘陵地区种植。

审定号：川审稻2013005号

主要性状

粒重：千粒重31.5g左右，每穗平均粒数161.8粒，结实率76.6%。

产量表现：2011年参加四川省水稻中籼迟熟2组区试，平均亩产559.00 kg，比对照冈优725增产4.83%；2012年中籼迟熟3组续试，平均亩产547.10 kg，比对照冈优725增产6.86%。两年区试平均亩产553.05 kg，比对照冈优725增产5.82%。两年区试平均增产点率88%。2012年生产试验，平均亩产554.93 kg，比对照冈优725增产5.89%。

米质表现：米质一般。

抗性表现：2011年叶瘟7、6、6、5级，颈瘟5、7、5级；2012年叶瘟5、5、4、7级，

颈瘟5、5、5、5级。

种植技术要点

播种与插秧：适时早播，浸种消毒。秧龄40天左右，亩用种量1 kg左右，亩栽1.2万穴左右。

田间管理：重底早追，看苗补施穗粒肥，亩施纯氮8～10 kg，氮、磷、钾配合施用。前期浅水灌溉，适时晒田，后期干湿交替或湿润灌溉，断水不宜过早。根据植保预测预报，综合防治稻瘟病、螟虫、稻飞虱等病虫害。

技术来源：绵阳市农业科学研究院
咨询人：王　志

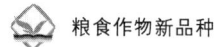 粮食作物新品种

华南稻区

深优 9586

深优 9586 由清华大学深圳研究生院选育,适宜湖南省稻瘟病轻发区作双季晚稻种植。

审定号:湘审稻 2011031 号

主要性状

粒重:每穗总粒数 160 粒左右,结实率 80%,千粒重 25 g。

产量表现:2009 年参加湖南省区试,平均亩产 509.4 kg,比对照金优 207 增产 6.23%,显著,2010 年省区试平均亩产 515.3 kg,比对照增产 11.45%。两年区试平均亩产 512.4 kg,比对照增产 8.84%。

米质表现:米质一般。

抗性表现:高感稻瘟病,耐低温能力中等。

种植技术要点

播种与插秧:作双季晚稻种植,湘南 6 月 25 日播种,湘中、湘北适当提前 2~3 天播种,每

亩秧田播种量 10 kg，每亩大田用种量 1.5 kg，秧龄控制在 28 天以内。种植密度根据肥力水平采用 16.5 cm×20 cm 或 20 cm×20 cm，每蔸插 2 粒谷秧。

田间管理：基肥足，追肥速，中期补，氮、磷、钾结合施用，适当增加磷、钾肥用量。深水活蔸，浅水分蘖，及时晒田，有水壮苞抽穗，后期干干湿湿，不脱水过早。秧田要狠抓稻飞虱、稻叶蝉的防治，大田注意防治稻瘟病、纹枯病、稻飞虱等病虫害。

技术来源：清华大学深圳研究生院
咨 询 人：武小金

粮食作物新品种

特优831

特优831由广西农业科学院水稻研究所选育,适合桂南稻作区早稻种植,桂中、北稻作区可因地制宜作晚稻种植。

审定号:桂审稻2014019号

主要性状

粒重:千粒重27 g左右,每穗平均粒数150粒,结实率86.5%。

产量表现:2011年初试,5个试点平均亩产609.2 kg,比对照特优63增产6.04%;产量位居第一,2012年区试,6个试点平均亩产566.6 kg,比对照特优63增产7.26%;两年试验平均亩产587.9 kg,比对照特优63增产6.65%,增产点比例100.0%;全生育期平均127.3天,比对照特优63短3.0天;2013年生产试验平均亩产580.9 kg,比对照特优63增产7.24%。

米质表现:米质一般。

抗性表现:苗叶瘟4～5级,穗瘟损失率66.90%～78.21%,损失率最高级9级,稻瘟病

抗性综合指数7.8～8.0；白叶枯病致病Ⅳ型5～9级，Ⅴ型7～9级。

种植技术要点

播种与插秧：该组合株型紧凑，分蘖力中等，耐肥抗倒，最好选中高水肥田块种植，充分发挥其增产潜力。适时播种和移栽，早造3月上旬播种，适宜移栽秧龄以4.5～5.0叶为宜，抛秧方叶龄3.5～4.0叶为宜；晚造以7月上旬播种，适宜移栽秧龄18～25天。

田间管理：该品种分蘖力中等，应重视早施重施分蘖肥，适时补施穗粒肥。

加强病虫害的综合防治工作。

技术来源：广西农业科学院水稻研究所
咨 询 人：邓国富

 粮食作物新品种

特优 7571

特优 7571 由广西农业科学院水稻研究所选育,适合桂南稻作区早稻种植,桂中、北稻作区可因地制宜作晚稻种植,被农业部认定为 2014 年华南稻区水稻主导品种。

审定号:桂审稻 2013006 号

主要性状

粒重:千粒重 27 g 左右,每穗平均粒数 160粒,结实率 82%。

产量表现:2011—2012 年参加广西区试,两年试验平均亩产 571.3 kg,比对照特优 63 增产 6.22%,增产点比例 91.7%;全生育期平均 125.6天,比对照特优 63 早熟 2.7 天;2012 年生产试验平均亩产 582.8 kg,比对照特优 63 增产 1.81%。

米质表现:米质一般。

抗性表现:苗叶瘟 5 级,穗瘟损失率 29.4%~38.7%,损失率最高级 9 级,稻瘟病抗性综合指数 6.0~7.0;白叶枯病致病 Ⅳ 型 5~7 级,Ⅴ 型 9 级。

种植技术要点

播种与插秧：该组合株型紧凑，分蘖力中等，耐肥抗倒，最好选中高水肥田块种植，充分发挥其增产潜力。适时播种和移栽，早造3月上旬播种，适宜移栽秧龄以4.5～5.0叶为宜，抛秧方叶龄3.5～4.0叶为宜。

田间管理：该品种分蘖力中等，应重视早施重施分蘖肥，适时补施穗粒肥。加强病虫害的综合防治工作。

技术来源：广西农业科学院水稻研究所
咨 询 人：邓国富

第二部分 小麦优质新品种

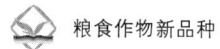粮食作物新品种

北部冬麦区

中麦 816

中麦 816 由中国农业科学院作物科学研究所国家小麦改良中心选育，适宜北部冬麦区的北京市、天津市、河北省中北部、山西省晋中和晋南中等以上肥力水浇地以及新疆维吾尔自治区阿拉尔地区水地种植。

审定号：国审麦 2013021

主要性状

产量构成：亩穗数 44.0 万穗，穗粒数 32.0 粒，千粒重 40.3 g。

产量表现：2011—2012 年度参加北部冬麦区水地组品种区域试验，平均亩产 504.3 kg，比对照中麦 175 增产 9.4%；2012—2013 年度续试，平均亩产 427.3 kg，比中麦 175 增产 8.8%。2012—2013 年度生产试验，平均亩产 401.8 kg，比中麦 175 增产 7.8%。

品质表现：区域试验品质混合样测定，籽粒容重 793 g/L，蛋白质含量 15.03%，硬度指数

65.0，面粉湿面筋含量33.2%，沉降值28.1 mL，吸水率57.8%，面团稳定时间3.3 min。

抗性表现：抗病性接种鉴定，中感条锈病、白粉病，高感叶锈病。

种植技术要点

播期和密度：9月25至10月5日播种，种植密度每亩20万～22万基本苗。

田间管理：施足基肥，氮磷钾肥和有机肥配合使用；播种后镇压，保证苗齐苗壮；浇好冻水，一般不浇返青水，重施拔节水肥，浇好灌浆水，以增加粒重。注意对白粉病、条锈病、蚜虫、吸浆虫等病虫危害的防治。

技术来源：中国农业科学院作物科学研究所

咨 询 人：陈新民

轮选 167

轮选 167 由中国农业科学院作物科学研究所选育，适宜北京市节水地块和山西中部水地种植。

审定号：京审麦 2014005　晋审麦 2014011

主要性状

产量构成：亩穗数 40 万穗，穗粒数 30 粒，千粒重 41 g。

产量表现：2011—2012 年参加北京市节水组区试，平均亩产 298.8 kg，比对照增产 7.4%；2012—2013 年续试，平均亩产 266.1 kg，比对照增产 8.1%。节水地组生产试验，平均亩产 255.3 kg，比对照增产 2.5%。2012—2014 年参加山西省中部晚熟冬麦区水地组区试，平均亩产 446.6 kg，比对照增产 4.4%。2013—2014 年参加山西省中部晚熟冬麦区水地组生产试验，平均亩产 430.0 kg，比对照增产 12.1%。

品质表现：2013 年品质检测结果，硬度指数 63，容重 730 g/L，蛋白质含量（干基）16.72%，湿面筋含量 41.4%，沉淀值 29.5 mL，吸水率 58.2%，面团形成时间 2.4 min，面团稳定时间 1.6 min。

抗性表现：接种抗病鉴定表现为慢条锈病、高感叶锈病，中感白粉病。

种植技术要点

播期和密度：适宜播期为 9 月底至 10 月上旬，亩播量 10～12 kg。

田间管理：重施底肥，以农家肥为主。浇好越冬水，拔节后及时浇水追肥。扬花期浇灌浆水，提高结实率和粒重。注意防治蚜虫。

技术来源：中国农业科学院作物科学研究所
咨询人：周　阳

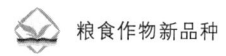

中麦629

中麦629由中国农业科学院作物科学研究所国家小麦改良中心选育,适宜天津市、北京市、河北省保定市以北、山西省晋中和晋南中等以上肥力水浇地种植。

审定号:津审麦2012001

主要性状

产量构成:亩穗数44.1万穗,穗粒数27粒,千粒重45.6 g。

产量表现:2009—2010年预试,平均亩产500.4 kg,比对照京冬8号增产7.8%;2010—2011年区试,平均亩产516.5 kg,比对照中麦175减产1.8%;2011—2012年区试,平均亩产454.1 kg,比对照轮选987减产3.6%;2011—2012年生产试验,平均亩产512.6 kg,比对照轮选987减产2.4%。

品质表现:2012年区域试验品质混合样测定,籽粒容重839 g/L,籽粒蛋白质含量(干基)15.31%,湿面筋含量32.0%,面团稳定时间

16.3 min。2013年品质测定，硬度指数64，容重818 g/L，蛋白质含量15.6%，湿面筋含量34.3%，沉降值42.7 mL，吸水率59.6%，面团稳定时间11.3 min。

抗性表现：抗病性接种鉴定，中感白粉病，中抗叶锈病，中抗条锈病。

种植技术要点

播期和密度：9月28日至10月8日播种，种植密度每亩20万～25万基本苗。

田间管理：施足基肥，氮磷钾肥和有机肥配合使用；播种后镇压，保证苗齐苗壮；浇好冻水，一般不浇返青水，重施拔节水肥，开花期亩施5 kg尿素，有利于提高品质，浇好灌浆水，以增加粒重。注意对白粉病、蚜虫、吸浆虫等病虫危害的防治。

技术来源：中国农业科学院作物科学研究所
咨 询 人：陈新民

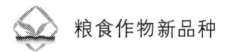粮食作物新品种

京花 11 号

京花 11 号由北京杂交小麦工程技术研究中心选育，适宜北京中等以上肥力水地种植。

审定号：京审麦 2014002

主要性状

产量构成：亩穗数 39.31 万穗，穗粒数 32.5 粒，千粒重 46.4 g。

产量表现：2012 年北京市区域试验平均亩产 483.73 kg，比对照中麦 175 增产 6.3%；2013 年续试平均亩产 412.24 kg，比对照中麦 175 增产 7.3%。2013 年生产试验平均亩产 386.97 kg，比对照中麦 175 增产 4.4%。

品质表现：容重 809 g/L，蛋白质含量（干基）14.61%，湿面筋含量 32.1%，沉降指数 28.2 mL，吸水率 63.3%，面团稳定时间 2.6 min。

抗性表现：条锈病免疫，高感叶锈病，中感白粉病。

种植技术要点

播期和密度：播种期以 9 月 25 日至 10 月 5 日为宜，每亩 22 万～25 万基本苗。10 月 5 日以后播种每晚 1 天增加 1 万基本苗。

田间管理：播时要浇足底墒水，施足底肥，一般每亩 20 kg 磷酸二铵，10 kg 尿素。冬前浇足冻水，保证安全越冬。返青—起身期以控为主，拔节期重施水肥，一般每亩 15 kg 尿素。抽穗后及时浇好扬花灌浆水，并进行蚜虫、白粉病防治，以延长叶片功能期，增加粒重。

技术来源：北京市农业科学院北京杂交小麦
　　　　　工程技术研究中心
咨 询 人：单福华　田立平

黄淮冬麦区南片区

徐麦33

徐麦33由江苏徐淮地区徐州农业科学研究所选育，适宜黄淮冬麦区南片的河南省中北部、安徽省北部、江苏省北部、陕西省关中地区水地早中茬种植。

审定号：国审麦2013008

主要性状

产量构成：亩穗数41.5万穗，穗粒数30.8粒，千粒重43.8 g。

产量表现：2011—2012年参加黄淮冬麦区南片冬水组品种区域试验，平均亩产502.8 kg，比对照周麦18增产5.0%；2012—2013年续试，平均亩产484.4 kg，比周麦18增产4.1%。2012—2013年生产试验，平均亩产491.2 kg，比周麦18增产4.6%。

品质表现：经农业部谷物品质监督检验测试中心测定，2012年、2013年两年区试混合样平均结果：籽粒容重802 g/L，蛋白质含量15.04%，湿面筋含量31.3%，沉降值32.9 mL，吸水率

55.9%，面团稳定时间 5.8 min。

抗性表现：接种鉴定，高感叶锈病、赤霉病、纹枯病，中感白粉病，中抗条锈病。

种植技术要点

播期和密度：适宜播种期 10 月中旬播种，每亩 12 万～20 万基本苗。

田间管理：注意防治叶锈病、赤霉病和纹枯病等病虫害；倒春寒频发地区注意防冻害。

技术来源：江苏徐淮地区徐州农业科学研究所
咨 询 人：刘东涛

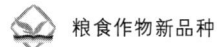

徐麦 31

徐麦 31 由江苏徐淮地区徐州农业科学研究所选育,适宜黄淮冬麦区南片的河南省中北部,安徽省北部、江苏省北部、陕西省关中地区高中水肥地块早中茬种植。

审定号:国审麦 201105　苏审麦 200904

主要性状

产量构成:亩穗数 40.5 万穗,穗粒数 32.1 粒,千粒重 42.9 g。

产量表现:2008—2009 年参加黄淮冬麦区南片冬水组品种区域试验,平均亩产 529.6 kg,比对照周麦 18 减产 1.1%;2009—2010 年续试比对照周麦 18 增产 3.0%。2010—2011 年生产试验,平均亩产 536.3 kg,比对照周麦 18 增产 2.5%。

品质表现:经农业部谷物品质监督检验测试中心测定,2009—2010 年两年平均结果:籽粒容重 785 g/L,蛋白质含量 15.6%;面粉湿面筋含量 34.3%,沉降值 49.9 mL,吸水率 57.6%,稳定时间 7.4 min。

抗性表现：高感纹枯病，中感叶锈病、白粉病、赤霉病，慢条锈病。

种植技术要点

播期和密度：适宜播种期10月8—16日，每亩适宜12万～16万基本苗。肥力水平偏低或播期推迟，应适当增加基本苗。

田间管理：注意防治纹枯病、赤霉病。高水肥地注意防倒伏。

技术来源：江苏徐淮地区徐州农业科学研究所
咨 询 人：刘东涛

淮麦 35

淮麦 35 由江苏徐淮地区淮阴农业科学研究所选育，适宜黄淮冬麦区南片的河南省中北部、安徽省北部、江苏省北部、陕西省关中地区水地早中茬种植。

审定号：国审麦 2013011

主要性状

产量构成：亩穗数 39.5 万穗，穗粒数 35.5 粒，千粒重 42.6 g。

产量表现：2010—2011 年参加黄淮冬麦区南片冬水组品种区域试验，平均亩产 588.0 kg，比对照周麦 18 增产 4.5%；2011—2012 年续试，平均亩产 508.1 kg，比周麦 18 增产 4.8%。2012—2013 年生产试验，平均亩产 498.7 kg，比周麦 18 增产 6.2%。

品质表现：籽粒容重 803 g/L，蛋白质含量 14.42%，硬度指数 51.4，面粉湿面筋含量 29.4%，沉降值 31.2 mL，吸水率 54.9%，面团稳定时间 6.5 min。

抗性表现：高感叶锈病、赤霉病、白粉病，中感纹枯病，中抗条锈病。

种植技术要点

播期和密度：适宜播种期为 10 月中旬，每亩 12 万～15 万基本苗。

田间管理：注意防治叶锈病、赤霉病、白粉病和纹枯病等病虫害。高水肥地注意防倒伏。

技术来源：江苏徐淮地区淮阴农业科学研究所
咨 询 人：顾正中

黄淮麦区南片区

郑麦101

郑麦101由河南省农业科学院小麦研究所选育，适宜河南省（南部稻茬麦区除外）、安徽省北部、江苏省北部、陕西省关中地区高中水肥地块中晚茬种植。

审定号：国审麦2013014

主要性状

产量构成：亩穗数41.5万穗、穗粒数33.5粒、千粒重41.4 g。

产量表现：2011—2012年参加国家黄淮麦区南片区试，比对照偃展4110增产4.18%；2012—2013年续试，同时进入生产试验，比对照偃展4110增产3.46%。2012—2013年国家黄淮麦南区生产试验，比对照偃展4110增产5.17%。

品质表现：容重787 g/L，蛋白质（干基）15.82%，湿面筋35.1%，沉降值41 mL，吸水率56.6%，稳定时间8.0 min。

抗性表现：中国农业科学院植物保护研究所

抗病性鉴定，2012—2013 年结果，中抗/中抗条锈病，中感/高感叶锈病，高感/中感白粉病，高感/中感赤霉病，高感/高感纹枯病。

种植技术要点

播期和密度：适宜播期为 10 月中下旬，每亩 18 万～24 万基本苗。

田间管理：注意白粉病、赤霉病的防治。在倒春寒频发地区注意防止冻害。

技术来源：河南省农业科学院小麦研究所
咨 询 人：吴政卿

宿553

宿553由宿州市农业科学院选育,适宜黄淮冬麦区南区的河南省中北部、安徽省北部、江苏省北部、陕西省关中地区高中水肥地早中茬种植。

审定编号:国审麦2011006

主要性状

产量构成:亩穗数41.9万穗,穗粒数32.5粒,千粒重43.1 g。

产量表现:2008—2009年黄淮冬麦区南片冬水组品种区域试验,平均亩产531.5 kg,比对照周麦18减产0.7%,2009—2010年黄淮冬麦区南片冬水组品种区域试验,平均亩产522.9 kg,比对照周麦18增产4.1%,2010—2011年生产试验中,平均亩产535.1 kg,比对照周麦18增产2.3%。

品质表现:籽粒容重800 g/L,蛋白质14.27%,湿面筋含量31%,沉降值41.4 mL,稳定时间7.8 min。

抗性表现:感条锈病、叶锈病、白粉病、赤霉病、纹枯病。

种植技术要点

播期和密度：适宜播期10月10—20日，每亩12万～18万基本苗。

田间管理：注意防治白粉病、纹枯病、赤霉病，后期进行"一喷三防"。高肥水田注意防止倒伏，倒春寒频发地区注意防冻；高水肥地注意防倒伏，倒春寒频发地区注意防冻害。

技术来源：宿州市农业科学院

咨 询 人：朱卫生

江苏省淮北麦区

淮麦 32

淮麦 32 由江苏徐淮地区淮阴农业科学研究所选育，适宜江苏淮北麦区种植。

审定号：苏审麦 201207

主要性状

产量构成：亩穗数 39 万穗，穗粒数 37 粒，千粒重 39 g。

产量表现：2008—2009 年参加江苏省淮北片小麦区域试验，平均亩产 506.97 kg，比对照淮麦 18 增产 5.22%，比对照淮麦 20 增产 5.17%；2009—2010 年参加江苏省淮北片小麦区域试验，平均亩产 513.24 kg，比对照淮麦 20 增产 4.51%；2010—2011 年参加江苏省淮北片小麦生产试验，平均亩产 554.15 kg，比对照淮麦 20 增产 4.07%。

品质表现：籽粒容重 776.0 g/L，粗蛋白含量 12.3%，湿面筋含量 23.3%，稳定时间 1.6 min。

抗性表现：感赤霉病，中感纹枯病，感白粉病，高感黄花叶病毒病。

种植技术要点

播期和密度：适宜播种期 10 月 15—25 日，每亩 15 万～18 万基本苗。

田间管理：及时化学除草，适时做好纹枯病、赤霉病、白粉病、蚜虫等病虫害的防治。

技术来源：江苏徐淮地区淮阴农业科学研究所
咨　询　人：孙苏阳

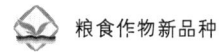
粮食作物新品种

河南省区域

郑麦0856

郑麦0856由河南省农业科学院小麦研究所选育，适宜河南省早中茬中高肥力地种植。

审定号：豫审麦2012012

主要性状

产量构成：亩穗数40万穗，穗粒数35粒，千粒重45 g。

产量表现：2009—2010年参加河南省水地冬水组区试，9点汇总，6点增产，3点减产，平均亩产528.5 kg，比对照品种周麦18增产2.34%；2010—2011年参加河南省水地冬水组区试，13点汇总，4点增产，9点减产，平均亩产545.9 kg，比对照品种周麦18减产2.96%；2011—2012年参加河南省水地冬水组生产试验，11点汇总，11点增产，平均亩产527.5 kg，比对照品种周麦18号增产3.6%。

品质表现：籽粒容重802 g/L，蛋白质（干基）13.76%，湿面筋含量30.1%，吸水量60.4%，形成时间 7.7 min，稳定时间 10.2 min。

抗性表现：抗叶锈病、叶枯病、白粉病、条锈病、纹枯病，感赤霉病。

种植技术要点

播期和密度：适宜播种期 10 月 5—20 日，每亩 15 万～20 万基本苗。

田间管理：抽穗至扬花初期注意防治赤霉病。

技术来源：河南省农科院小麦研究所

咨 询 人：胡　琳

郑麦583

郑麦583由河南省农科院小麦中心选育,适宜河南省(豫南稻茬麦区除外)高中水肥地早中茬种植。

审定号:豫审麦2012003。

主要性状

产量构成:亩穗数44.6万穗,穗粒数31.9粒,千粒重45.5 g。

产量表现:在2008—2011年河南省小麦品种冬水组区域试验中,两年平均亩产523 kg,比对照品种周麦18减产2.38%;2011—2012年河南省冬水组生产试验,平均亩产518 kg,比对照品种周麦18增产3.8%。

品质表现:籽粒容重805 g/L,蛋白质含量15.78%,湿面筋35.2%,沉淀值73.5 mL,吸水率59.5%,稳定时间7.6 min。

抗性表现:中抗叶枯病,中感白粉病、条锈病、叶锈病、纹枯病,高感赤霉病。

种植技术要点

播期和密度:适宜播期10月上中旬,每亩12万~16万基本苗,晚播可适当增加播量。

田间管理:注意防治蚜虫和赤霉病,预防倒伏,其他管理措施同一般大田。

技术来源:河南省农业科学院小麦研究所
咨 询 人:曹廷杰

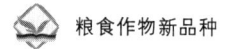

洛旱 10 号

洛旱 10 号由洛阳农林科学院（原洛阳市农业科学研究院）选育，适宜河南省丘陵旱肥地早中茬种植。

审定号：豫审麦 2011009

主要性状

产量构成：亩穗数 34.6 万穗，穗粒数 28.9 粒，千粒重 48.3 g。

产量表现：2007—2009 年河南省旱地小麦品种区域试验，两年平均亩产 354.2 kg，比对照品种洛旱 2 号增产 7.45%；2009—2010 年旱地组生产试验，平均亩产 433.4 kg，比对照品种洛旱 2 号增产 8.7%。

品质表现：籽粒容重 778 g/L，粒蛋白质含量 14.8%，湿面筋 32.6%，沉淀值 50.0 mL，吸水率 60.3%，稳定时间 1.8 min。

抗性表现：中抗白粉病、叶锈病和叶枯病，中感纹枯病，高感条锈病。

种植技术要点

播期和密度：10月1—20日均可播种，适宜播期为10月10日左右，每亩16万～18万基本苗。

田间管理：注意防治蚜虫，预防倒伏，其他管理措施同一般大田。

技术来源：洛阳农林科学院

咨 询 人：吴少辉

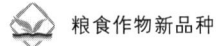

陕西省区域

西农 165

西农 165 由西北农林科技大学选育，适宜陕西省关中灌区种植利用。

审定号：陕审麦 2013003 号

主要性状

产量构成：亩穗数 40 万穗左右，穗粒数 35 粒左右，千粒重 43 g 左右。

产量表现：半冬性，抗寒耐冻性较好；分蘖力较强，成穗率较高；抗倒伏；生育期 230 天左右，熟期适中；田间综合抗病性好，成熟落黄好；适应性好，对关中（包括黄淮南片麦区）新老灌区具有良好适应性；产量三要素协调，产量潜力 650 kg 以上，生产水平 500 kg 以上。

品质表现：籽粒容重 844 g/L，粗蛋白（干基）13.31%，湿面筋含量（14% 水分计）28.0%，沉淀值 24.0 mL，吸水量 56.9%，稳定时间 2.4 min。品质为优质中筋。

抗性表现：抗条锈病，中抗白粉病，感赤霉病。

种植技术要点

播期和密度：适宜播期10月上旬，适宜陕西关中灌区及同类生态区种植。

田间管理：在地力水平400 kg以上的中、高水肥地种植。

技术来源：西北农林科技大学

咨 询 人：王 辉

 粮食作物新品种

黄淮麦区北片区

山农 22 号

山农 22 号由山东农业大学选育，适宜黄淮冬麦区北片区的山东省、河北省南部、山西省南部、河南省安阳市等高、中水肥地块种植利用。

审定号：国审麦 2011013 鲁农审 2011030 号

主要性状

产量构成：亩穗数 40 万～45 万穗，穗粒数 40 粒左右，千粒重 42 g。

产量表现：2008—2011 年山东省高肥区试亩产量 575.97 kg，比对照平均增产 7.78%；生产试验亩产量 585.46 kg，比对照平均增产 4.28%。2009—2011 年国家黄淮北片小麦区试亩产 529.3 kg 和 585.3 kg，较对照增产 9.01% 和 7.14%；生产试验亩产量 588.8 kg，较对照石 4185 增产 7.05%，增产点率 100%。

品质表现：籽粒容重 812 g/L，蛋白质含量 12.99%～13.02%，湿面筋 27.1%～27.6%，沉淀指数 27.2～31.5 mL，吸水率 59.2%～59.8%，

稳定时间 6.4～8 min。

抗性表现：田间自然发病表现高抗条、叶锈病和白粉病，高抗小麦赤霉病。

种植技术要点

播期和密度：适宜播种期 10 月 8—15 日，每亩适宜 12 万～15 万基本苗。

田间管理：注意超产栽培要控制群体，亩穗数 42 万穗左右，加强后期管理，预防倒伏，适时收获。

技术来源：山东农业大学
咨 询 人：高庆荣

粮食作物新品种

黄淮冬麦区北片区

石麦 22 号

石麦 22 号由石家庄市农林科学研究院与河北省小麦工程技术研究中心共同育成。适宜黄淮冬麦区北片的山东省、河北省中南部、山西省南部高中水肥地块种植。

审定号：国审麦 2011014

主要性状

产量构成：亩穗数 40 万～45 万穗，穗粒数 35.2 个，千粒重 40.3 g。

产量表现：2009—2010 年参加黄淮冬麦区北片水地组区域试验，平均亩产 522.6 kg，比对照石 4185 增产 7.63%；2010—2011 年续试，平均亩产 586.9 kg，比对照良星 99 增产 4.81%；同年生产试验，平均亩产 582.0 kg，比对照石 4185 增产 5.82%。

品质表现：籽粒容重 802 g/L，硬度指数 66，蛋白质含量 13.29%，面粉湿面筋含量 28.1%，沉降值 17.5 mL，吸水率 53.8%，稳定时间 1.8 min。

抗性表现：高感条锈病、叶锈病、白粉病、纹枯病，中感赤霉病。

种植技术要点

播期和密度：黄淮冬麦区适宜播期为10月5—15日；该品种分蘖成穗率高，应严格控制播量，适期播种高水肥地每亩18万～22万基本苗。

田间管理：小麦抽穗后及时防治麦蚜，病害严重年份，叶面喷施杀菌剂，防治各种病害。

技术来源：石家庄市农林科学研究院
咨 询 人：史占良

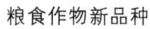

石优 20 号

石优 20 号由石家庄市农林科学研究院与河北省小麦工程技术研究中心共同育成，适宜黄淮冬麦区北片的山东省、河北省中南部和山西省南部高中水肥地块种植，也适宜北部冬麦区的河北省中北部、山西省中北部以及北京、天津地区水地种植。

审定号：国审麦 2011011

主要性状

产量构成：亩穗数 40 万～45 万穗，穗粒数 34.5 个，千粒重 38.1 g。

产量表现：2009 年黄淮冬麦区北片水地区试，平均亩产 524.3 kg，比对照石 4185 增产 3.08%；2010 年续试，平均亩产 508.3 kg，比对照石 4185 增产 3.3%。2009 年北部冬麦区水地区试，平均亩产 448.1 kg，比对照京冬 8 号增产 6.7%；2010 年续试，平均亩产 435.1 kg，比对照京冬 8 号增产 7.4%。

品质表现：籽粒容重 804 g/L，蛋白质含量

14.02%；湿面筋含量 31.8%，沉降值 40.5 mL，稳定时间 15.4 min。

抗性表现：高感叶锈病、白粉病，中感条锈病。

种植技术要点

播期和密度：黄淮冬麦区北片适宜播期 10 月 5—15 日，每亩 18 万～22 万基本苗；北部冬麦区适宜播期 9 月 28 日—10 月 6 日，每亩 20 万～25 万基本苗。

田间管理：小麦杨花后及时防治麦蚜和白粉病等病害。

技术来源：石家庄市农林科学研究院

咨 询 人：史占良

山东省区域

泰山 28

泰山 28 由泰安市农业科学研究院选育,适宜山东省全省高肥水地块种植利用。

审定号:鲁农审 2013048 号

主要性状

产量构成:亩穗数 42.7 万穗,穗粒数 37.0 粒,千粒重 42.7 g。

产量表现:在 2010—2012 年山东省小麦品种高肥组区域试验中,两年平均亩产 576.24 kg,比对照品种济麦 22 增产 4.00%;2012—2013 年高肥组生产试验,平均亩产 538.77 kg,比对照品种济麦 22 增产 3.98%。

品质表现:籽粒容重 811.6 g/L,蛋白质含量 13.3%,湿面筋 33.5%,沉淀值 21.6 mL,吸水率 64.7%,稳定时间 1.5 min,面粉白度 73.4。

抗性表现:条锈病近免疫,慢叶锈病,中感白粉病、纹枯病和赤霉病。

种植技术要点

播期和密度：适宜播期 10 月 5—15 日，每亩 16 万~18 万基本苗。

田间管理：注意防治蚜虫，预防倒伏，其他管理措施同一般大田。

技术来源：泰安市农业科学研究院
咨 询 人：钱兆国

长江中下游麦区

扬麦 20

扬麦 20 由江苏里下河地区农业科学研究所育成，适宜地区长江中下游地区种植。

审定号：国审麦 2010002

主要性状

产量构成：亩穗数 28.6 万穗，穗粒数 42.8 粒，千粒重 41.9 g。

产量表现：国家区试中，2008—2009 年平均亩产 432.3 kg，比对照增产 6.3%，增产点率 73.3%；2009—2010 年平均亩产 419.7 kg，比对照增产 3.4%，增产点率 68.8%；两年平均亩产 426.0 kg，比照增产 5.4%，增产点率 70.9%。2009—2010 年生产试验，平均亩产 389.4 kg，比对照扬麦 158 增产 4.6%，8 点试验 7 点增产。

品质表现：籽粒容重 782 g/L，粗蛋白含量 12.97%，湿面筋 25.5%，沉降值 29.5 mL，面团稳定时间 1.0 min。

抗性表现：中抗白粉病和赤霉病，中感条锈病和纹枯病，高感叶锈病。

种植技术要点

播期和密度：淮南麦区适期播种范围为10月下旬至11月初，适期早播麦田每亩16万左右基本苗为宜。

田间管理：一般每亩需施纯N约14 kg，作为弱筋小麦，肥料运筹为基肥：平衡肥：拔节孕穗肥为7:1:2。基肥应有机肥与无机肥结合，注意P、K肥的配合使用。适时化除，以控制杂草滋生危害。根据病虫测报及时做好白粉病、纹枯病及穗期蚜虫等防治。

技术来源：江苏里下河农业科学研究所
咨 询 人：张伯桥

粮食作物新品种

宁麦 19

宁麦 19 由江苏省农科院农业生物技术所、江苏红旗种业有限公司育成,适宜江苏省淮南麦区种植。

审定号:苏审麦 201201

主要性状

产量构成:亩穗数 28.8 万穗,每穗 39.7 粒,千粒重 44.9 g。

产量表现:2009—2011 年参加江苏省淮南组小麦区域试验,平均亩产 489.1 kg,较对照扬麦 11 号增产 8.3%,两年增产均达极显著水平。2011—2012 年参加生产试验,平均亩产 410.6 kg,较对照扬麦 11 号增产 8.4%。

品质表现:籽粒容重 825.5 g/L,粗蛋白含量 13.1%,湿面筋含量 28.3%,稳定时间 4.7 min。

抗性表现:中感赤霉病、纹枯病,感白粉病,抗黄花叶病毒病。

种植技术要点

播期和密度：适宜播期为 10 月底至 11 月上中旬，适期播种以每亩 15 万基本苗左右为宜，迟播适当增加播量。

田间管理：注意种子处理和苗期化控；亩产 450 kg 左右的产量，一生需施纯 N 16～18 kg，田间沟系配套，防止明涝暗渍；及时化学除草，适时做好纹枯病、白粉病和赤霉病等病虫害的综合防治；成熟时（蜡熟末期）抓紧收获，确保丰产丰收。

技术来源：江苏省农业科学院农业生物
　　　　　技术研究所
咨 询 人：姚国才

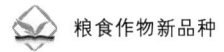

宁麦 20

宁麦 20 由江苏省农业科学院农业生物技术所育成,属春性中晚熟小麦品种,适宜江苏省淮南麦区种植。

审定号:苏审麦 201202

主要性状

产量构成:亩穗数 31.2 万穗,穗粒数 39.1 粒,千粒重 39.0 g。

产量表现:2009—2011 年平均亩产 459.8 kg,较对照扬麦 11 号增产 1.8%;2010—2011 年度较对照增产达显著水平。生产试验平均亩产 385.5 kg,较对照扬麦 11 号增产 1.8%。

品质表现:籽粒容重 798.5 g/L,粗蛋白含量 14.3%,湿面筋含量 30.7%,稳定时间 6.8 min。

抗性表现:抗赤霉病,中感纹枯病,感白粉病,抗黄花叶病毒病。

种植技术要点

播期和密度：适宜播期为 10 月 25 日至 11 月 10 日，适期播种以每亩 15 万左右基本苗为宜，迟播和整地质量差的适当增加播量。

田间管理：根据测土配方适量施用 P、K 肥。全部的 P 肥、50%～60% 的 N 肥、50% K 肥作基肥，10% 的 N 肥作壮蘖肥，30%～40% 的 N 肥、50% K 肥作拔节孕穗肥。及时化学除草，适时做好纹枯病、白粉病和蚜虫等病虫害的综合防治。

技术来源：江苏省农业科学院农业生物
　　　　　技术研究所
咨 询 人：马鸿翔

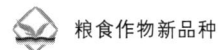
粮食作物新品种

轮选 22

轮选 22（皖麦 202）由安徽省农科院作物所选育，适宜安徽省淮河以南地区。

审定号：皖麦 2011014

主要性状

产量构成：亩穗数 31.5 万穗，穗粒数 40 粒，千粒重 42 g。

产量表现：2007—2008 年生产试验平均亩产 452.62 kg，比对照增产 6.52%，在 11 个参试品种中居第 4 位，8 个试点中 6 点增产、2 点减产。2008—2009 年生产试验平均亩产 443.46 kg，比对照增产 8.63%，在 10 个参试品种中居第 1 位，8 个试点全部增产。2009—2010 年生产试验平均亩产 412.88 kg，较对照增产 6.83%，在 4 个参试品种中居第 2 位，6 个试点全部增产。

品质表现：籽粒容重 793 g/L，粗蛋白（干基）11.32%，稳定时间 3.3 min。

抗性表现：高抗赤霉病，综合抗病性强。

种植技术要点

播期和密度：适宜播期为 10 月底至 11 月上中旬，适期播种以每亩 15 万左右基本苗为宜，迟播适当增加播量。

田间管理：注意种子处理和苗期化控，亩产 450 kg 左右的产量，一生需施纯 N 16～18 kg，田间沟系配套，防止明涝暗渍；及时化学除草，适时做好纹枯病、白粉病和蚜虫等病虫害的综合防治。

技术来源：安徽省农业科学院作物研究所
咨 询 人：甘斌杰

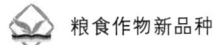粮食作物新品种

西南麦区

川麦61

川麦61由四川省农业科学院作物研究所选育，适宜四川省平坝、丘陵地区种植。

审定号：川审麦2012002

主要性状

产量构成：亩穗数22.6万穗，穗粒数36.2粒，千粒重53.0 g。

产量表现：2009—2010年参加四川省小麦区试，平均亩产424.11 kg，比对照绵麦37增产12.5%，8点全部增产；2010—2011年续试，平均亩产366.93 kg，比对照绵麦37增产5.8%，7点中6点增产，增产点占试点的86%；两年平均亩产395.52 kg，比对照绵麦37增产9.3%。2011—2012年度在双流、射洪、绵阳、达县、内江5点生产试验，平均亩产357.87 kg，比对照绵麦37增产4.1%，5点中3点增产，增产点占试点的60%。

品质表现：籽粒容重794 g/L，蛋白质含量15.16%，面粉湿面筋含量34.5%，沉降值34.5 mL，

稳定时间 2.8 min。

抗性表现：高抗条锈病，高抗白粉病，中抗赤霉病。

种植技术要点

播期和密度：四川盆地于 10 月 25 日至 11 月 8 日播种为宜，每亩 14 万～16 万基本苗。

田间管理：亩施纯氮 10～12 kg，配合施磷、钾肥。注意排湿、除草，加强对蚜虫和赤霉病的防治。

技术来源：四川省农业科学院作物研究所
咨 询 人：杨武云

 粮食作物新品种

川麦62

川麦62由四川省农业科学院作物研究所选育,适宜四川省平坝、丘陵地区种植。

审定号:川审麦2012004

主要性状

产量构成:亩穗数22.5万穗,穗粒数39.2粒,千粒重49.4 g。

产量表现:2009—2010年参加四川省小麦区试,平均亩产426.92 kg,比对照绵麦37增产16.4%,8点中7点增产,增产点占试点的88%;2010—2011年度续试,平均亩产376.56 kg,比对照绵麦37增产11.6%,7点全部增产。两年区试平均亩产401.74 kg,比对照绵麦37增产14.1%。2011—2012年在双流、射洪、绵阳、达县、内江地区5点生产试验,平均亩产364.29 kg,比对照绵麦37增产5.9%,5点中4点增产,增产点占试点的80%。

品质表现:籽粒容重795 g/L,蛋白质含量14.20%,面粉湿面筋含量30.37%,沉降值

24.0 mL，稳定时间 1.5 min。

抗性表现：高抗条锈病，高感白粉病，中感赤霉病。

种植技术要点

播期和密度：播期 10 月 25 日至 11 月中旬为宜，每亩 12 万～14 万基本苗。

田间管理：亩施纯氮 10 kg，配合增施磷、钾肥。注意排湿、除草，加强对蚜虫、白粉病和赤霉病的防治。

技术来源：四川省农业科学院作物研究所
咨 询 人：杨恩年

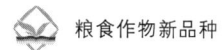
粮食作物新品种

川麦 63

川麦 63 由四川省农业科学院作物研究所选育，适宜四川省平坝、丘陵地区种植。
审定号：川审麦 2013010

主要性状

产量构成：亩穗数 25.5 万穗，穗粒数 39.2 粒，白粒、千粒重 42.9 g。

产量表现：2010—2011 年参加四川省小麦区试，平均亩产 375.77 kg，比对照绵麦 37 增产 6.7%，7 点中 6 点增产，增产点占试点的 86%；2011—2012 年度续试，平均亩产 395.85 kg，比对照绵麦 37 增产 8.9%，7 点中 6 点增产；两年区试平均亩产 385.81 kg，比对照绵麦 37 增产 7.8%。2012—2013 年度在双流、射洪、达县和内江地区 4 点生产试验，平均亩产 392.07 kg，比对照绵麦 37 增产 9.8%，4 点全部增产。

品质表现：籽粒容重 813 g/L，粗蛋白质含量 14.97%，面粉湿面筋含量 31.3%，沉降值 43.8 mL，稳定时间 5.6 min。

抗性表现：中抗条锈病，高抗白粉病，中抗赤霉病。

种植技术要点

播期和密度：播期 10 月底至 11 月中旬为宜，每亩 12 万～14 万基本苗。

田间管理：亩施纯氮 10～12 kg，配合增施施磷、钾肥。注意防治蚜虫危害和田间湿害。

技术来源：四川省农业科学院作物研究所
咨 询 人：朱华忠

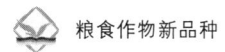

昌麦 29

昌麦 29 由凉山州西昌农科所选育选育,适宜四川省凉山州和云南省部分区域种植。

审定号:川审麦 2011003

主要性状

产量构成:亩穗数 22.5 万穗,穗粒数 39.2 粒,白粒、千粒重 50 g。

产量表现:2006—2007 年参加四川省凉山州小麦区试,平均亩产 423.4 kg,比对照川麦 107 增产 7.6%,增产点率 60%;2007—2008 年续试,平均亩产 376.3 kg,比对照川麦 107 增产 20.1%,6 个点都增产;两年区试平均亩产 399.9 kg,比对照川麦 107 增产 13.2%。2008—2009 年参加凉山州小麦生产试验,平均亩产 402.8 kg,比对照川麦 107 增产 14.2%,6 个点全部增产。

品质表现:籽粒容重 756 g/L,粗蛋白含量 11.52%,湿面筋含量 21.8%,沉降值 15.5 mL,稳定时间 1.3 min。

抗性表现:高抗条锈病,中感白粉病,中感赤霉病。

种植技术要点

播期和密度:播期10月24至11月1日为宜。用种量:小窝点播每亩用种12~13 kg,条播14~15 kg,开厢匀播20 kg,每亩16万~19万基本苗。

田间管理:重施底肥,施肥量占总用量60%~70%,早施分蘖肥,看苗长势补施拔节肥。视土壤干湿情况,灌水2~4次,加强中耕除草,特别注意蚜虫和白粉病防治。

技术来源:凉山州西昌农科所选育
咨 询 人:刘于斌

东北春麦区

龙麦 33

龙麦 33 由黑龙江省农业科学院作物育种研究所选育,适宜黑龙江省北部及内蒙东四盟地区种植。

审定号:黑审麦 2009001 国审麦 2010022

主要性状

产量构成:亩穗数 34.7 万穗,穗粒数 31.0 粒,千粒重 45.7 g。

产量表现:2006—2008 年参加省区域试验平均亩产 294.3 kg,比对照新克旱九号增产 6.9%;2008 年生产试验平均亩产 260.5 kg,比对照新克旱九号增产 9.2%。

品质分析结果:籽粒容重 816.0 g/L,蛋白质含量 18.1%,湿面筋含量 38.2%,稳定时间 14.2 min。

抗性表现:对秆锈流行生理小种 21C3CTH、21C3CFH 和 34MKG 表现为免疫,对赤霉病、根腐病表现为中感。

种植技术要点

播期和密度：在适应区4月上中旬播种，采用宽苗带播种方式，公顷保苗株数650万株。

田间管理：施肥量以一般以亩施纯 N $5\sim6$ kg，纯 P_2O_5 $4\sim5$ kg，纯 K_2O $3\sim4$ kg 比较适合。施肥方式最好秋施底肥（2/3），春施种肥（1/3）和后期叶面追施三者结合使用，效果更好。3~4叶期镇压1~2遍，三叶期除草，抽穗至扬花期结合防病喷施N、K肥，及时收获防止穗发芽。

技术来源：黑龙江省农业科学院作物育种
　　　　　研究所
咨 询 人：辛文利　张春利

龙麦 35

龙麦 35 由黑龙江省农业科学院作物育种研究所选育，适宜黑龙江省北部及内蒙古自治区东四盟地区种植。

审定号：黑审麦 2012001

主要性状

产量构成：亩穗数 36.8 万穗，穗粒数 28.7 粒，千粒重 41.9 g。

产量表现：2009—2010 年参加省区域试验平均亩产 273.4 kg，比对照克旱 16 增产 5.7%；2011 年生产试验平均亩产 280.5 kg，比对照新克旱 16 增产 0.2%。

品质分析结果：籽粒容重 836 g/L，蛋白质含量 14.7%～17.9%，湿面筋含量 30.5%～41.1%，稳定时间 5.7～10.9 min。

抗性表现：对小麦秆锈病的所有生理小种表现为免疫，对赤霉病表现为中抗至中感，对根腐病表现为中感。

种植技术要点

播期和密度：在适应区 4 月上中旬播种，采用宽苗带播种方式，公顷保苗株数 700 万株。

田间管理：施肥量以一般以亩施纯 N 5～6 kg，纯 P_2O_5 4～5 kg，纯 K_2O 2～3 kg 比较适合。施肥方式最好秋施底肥（2/3），春施种肥（1/3）和后期叶面追施三者结合使用，效果更好。3～4 叶期镇压 1 遍，三叶期除草，抽穗至扬花期结合防病喷施 N、K 肥，及时收获防止穗发芽。

技术来源：黑龙江省农业科学院作物育种研究所
咨 询 人：辛文利　张春利

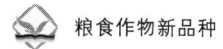

西北春麦区

巴丰5号

巴丰5号由巴彦淖尔市农科院选育,该品种适应性好,早熟、高产优质,适宜在内蒙古自治区、宁夏回族自治区的河套灌区及沿山井灌区,青海,甘肃,新疆维吾尔自治区等水地春麦区种植。

审定号:国审麦2009028,蒙审麦2005003。

主要性状

产量构成:亩穗数38万穗,穗粒数35粒,千粒重48 g。

产量表现:2002年参加内蒙古自治区区域试验,平均亩产414.68 kg,比对照永良4号增产5.9%和6.47%。2003年参加内蒙古自治区区域试验,平均亩产453.8 kg,比对照永良4号增产6.47%。2006年参加国家春麦西北组区域试验,17点平均亩产428.6 kg,比宁春4号减产3.3%。2007年参加国家春麦西北组区域试验,17点平均亩产417.3 kg,比宁春4号增产5.4%。

品质表现：籽粒容重 818 g/L，粗蛋白（干基）14.71%，湿面筋 30.2%，干面筋 9.6%，沉降值 30.2 mL，吸水率 61.0%，面团形成时间 6.8 min，面团稳定时间 11.5 min。

抗性表现：对叶锈病免疫，高抗条锈病，中感白粉病。

种植技术要点

播期和密度：适时早播，以充分发挥其根系发达，耐湿性强，分蘖力强之优点，达到增产丰收目的。在适期播种的范围内，以亩保苗 45 万基本苗为宜，播种量 22 kg/亩左右。

田间管理：结合增施磷肥，种肥用磷二铵每亩 15 kg 为宜，结合头水重施分蘖 N 肥，以尿素每亩 20 kg 为宜，全生育期浇 3～4 次水，后期应注意防虫、灭草，及时收获。

技术来源：巴彦淖尔市农牧科学院
咨 询 人：张建成

宁春52号

宁春52号（永1579）由宁夏回族自治区农作物种子育繁所选育，适宜宁夏引黄灌区、内蒙古自治区河套地区及甘肃河西走廊等地区种植。

审定号：宁审麦2012001

主要性状

产量构成：亩穗数36.8万穗，穗粒数40粒，千粒重45 g。

产量表现：2008年参加宁夏灌区小麦新品种区域试验，5点平均亩产量612.95 kg，4点增产1点减产，较对照增产3.10%；2009年6点平均亩产量540.97 kg，3点增产3点减产，较对照减产0.41%；两年平均产量576.96 kg，较对照增产1.60%。2010年宁夏自治区生产试验，比宁春4号增产5.90%。

品质表现：籽粒容重832 g/L，粗蛋白15.27%，湿面筋28.7%，沉降值35.6 mL，吸水率63.6%，面团稳定时间18.4 min。

抗性表现：中抗条、叶锈病，中感白粉病。

种植技术要点

播期和密度：1月下旬至3月上旬播种，单种亩保苗数35万～38万，套种（麦7：玉米3）亩保苗数33万～35万。

田间管理：施足基肥，秋亩施有机肥3 000～5 000 kg，早追肥，亩施纯 N 18 kg、P_2O_5 9 kg。全生育期灌3～4次水。及时防治病虫害，白粉病严重年份，要根据发病程度及时进行防治。

技术来源：永宁县农作物种子育繁所
咨 询 人：李前荣

第三部分　玉米优质新品种

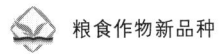粮食作物新品种

黄淮玉米区

鲁单6076

鲁单6076由山东省农业科学院玉米研究所选育,适宜山东省夏播种植,茎腐病、瘤黑粉病高发区慎用。

审定号:鲁农审2012005号

主要性状

粒重:千粒重3 367 g,出籽率87.3%。

产量表现:2009—2010年省夏玉米品种区域试验,两年平均亩产612.3 kg,比对照郑单958增产5.9%;2011年生产试验平均亩产540.0 kg,比对照郑单958增产2.8%。

抗性表现:经河北省农林科学院植物保护研究所抗病性接种鉴定,2009年感小斑病,中抗大斑病、弯孢叶斑病和茎腐病,高感瘤黑粉病和矮花叶病;2010年中抗小斑病、大斑病、弯孢叶斑病和茎腐病,高感瘤黑粉病,高抗矮花叶病。

种植技术要点

播期和密度：6月15日前播种，种植密度每亩4 000～4 500株。

田间管理：使用玉米专用包衣剂对种子进行药剂处理，苗期注意防治蓟马、棉铃虫等虫害；大喇叭口期用辛硫磷颗粒剂丢心，防止玉米螟和蚜虫；雨天及时排水，预防渍涝。玉米籽粒乳腺消失出现黑粉层后收获。

技术来源：山东省农业科学院玉米研究所
咨 询 人：刘铁山

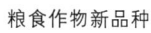

诺达 1 号

诺达 1 号由山东省农业科学院玉米研究所和山东诺达农业科技有限公司选育,适宜山东省夏播种植,茎腐病和瘤黑粉病高发区慎用。

审定号:鲁农审 2013007 号

主要性状

粒重:千粒重 320 g,出籽率 84.3%。

产量表现:2010—2011 年山东省夏玉米品种区域试验,两年平均亩产 589.7 kg,比对照郑单 958 增产 4.0%。2012 年生产试验平均亩产 674.6 kg,比对照郑单 958 增产 4.4%。

抗性表现:2011 年经河北省农林科学院植物保护研究所抗病性接种鉴定,抗小斑病、大斑病,感弯孢叶斑病,抗茎腐病,高感瘤黑粉病,抗矮花叶病。

种植技术要点

播期和密度:6 月 15 日前播种,种植密度每亩 4 500 株左右。

田间管理：使用玉米专用包衣剂对种子进行药剂处理，苗期注意防治蓟马、棉铃虫等虫害；大喇叭口期用辛硫磷颗粒剂丢心，防止玉米螟和蚜虫；雨天及时排水，预防渍涝。玉米籽粒乳腺消失出现黑粉层后收获。

技术来源：山东省农业科学院玉米研究所
咨 询 人：刘玉敬

粮食作物新品种

山农 206

山农 206 由山东农业大学选育,在山东省胶东及日照地区作为春玉米品种种植利用,瘤黑粉病高发区慎用。

审定号:鲁农审 2014016 号

主要性状

粒重:千粒重 329 g,出籽率 86.5%。

产量表现:2012—2013 年胶东春玉米品种区域试验,两年平均亩产 600.8 kg,比对照青农 105 增产 14.0%,12 处试点全部增产;2013 年生产试验平均亩产 477.5 kg,比对照青农 105 增产 13.4%。

抗性表现:2012 年经河北省农林科学院植物保护研究所抗病性接种鉴定,高抗小斑病,中抗大斑病,中抗弯孢叶斑病,抗茎腐病,高感瘤黑粉病,高抗矮花叶病,粗缩病苗期为高抗(病株率评价)、成株期为感(病情指数 14.2%)。

种植技术要点

播期和密度：适于春播，播种密度为每亩 4 000 株左右，其他管理措施同一般大田。特别适于春播、套种和大蒜茬口等粗缩病发病较严重的地块和时期播种。

田间管理：玉米籽粒乳腺消失出现黑粉层后收获，充分发挥该品种的高产潜力。

技术来源：山东农业大学
咨 询 人：刘保申

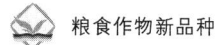 粮食作物新品种

登海678

登海678由山东登海种业股份有限公司选育,在山东省适宜地区作为夏玉米品种种植利用。在茎腐病、瘤黑粉病和矮花叶病高发区慎用。

审定号:鲁农审2012007号

主要性状

粒重:千粒重316 g,出籽率87.6%。

产量表现:2009—2010年山东省夏玉米品种区域试验,两年平均亩产586.9 kg,比对照郑单958增产4.2%,23处试点17点增产6点减产;2011年生产试验平均亩产554.6 kg,比对照郑单958增产3.6%。

抗性表现:2009年经河北省农林科学院植物保护研究所抗病性接种鉴定,抗小斑病,感大斑病和弯孢叶斑病,中抗茎腐病,高感瘤黑粉病和矮花叶病;2010年经河北省农林科学院植物保护研究所抗病性接种鉴定,中抗小斑病,中抗大斑病,感弯孢叶斑病,高感茎腐病和瘤黑粉病,高抗矮花叶病。

种植技术要点

播期和密度：适于夏播，适宜播种密度为每亩 4 000 株。

田间管理：管理措施同一般大田。

技术来源：山东登海种业股份有限公司
咨 询 人：杨今胜

 粮食作物新品种

金王花糯 2 号

金王花糯 2 号由济南金王种业有限公司与青岛农业大学共同选育,山东省适宜地区作为鲜食专用花糯夏玉米品种种植利用。大斑病高发区慎用。

审定号:鲁农审 2013015 号。

主要性状

穗粒数:穗粒数 488 粒,商品果穗率 87.2%。

产量表现:在 2011—2012 年全省鲜食夏玉米品种区域试验中,两年平均亩收商品鲜穗 3 730 个,亩产鲜穗 1 004.8 kg。

抗病虫害能力:中抗小斑病,感大斑病、弯孢叶斑病,高抗瘤黑粉病,中抗矮花叶病。

种植技术要点

播期和密度:适于夏播,适宜密度为每亩 4 000 株左右。

田间管理：应与其他类型玉米品种隔离种植，其他管理措施同一般大田。

技术来源：青岛农业大学
咨 询 人：宋希云

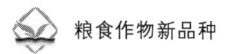

金王紫糯 1 号

金王紫糯 1 号由济南金王种业有限公司与青岛农业大学共同选育,山东省适宜地区作为鲜食专用紫糯夏玉米品种种植利用。大斑病高发区慎用。

审定号:鲁农审 2013017 号。

主要性状

穗粒数:穗粒数 498 粒,商品果穗率 83.8%。

产量表现:2011—2012 年山东省鲜食夏玉米品种区域试验,两年平均亩收商品鲜穗 3 558 穗,亩产鲜穗 1 005.3 kg。

抗性表现:抗小斑病,高感大斑病,感弯孢叶斑病,高抗瘤黑粉病,抗矮花叶病。

种植技术要点

播期和密度:适于夏播,适宜密度为每亩 4 000 株左右。

田间管理：应与其他类型玉米品种隔离种植，其他管理措施同一般大田。

技术来源：青岛农业大学
咨 询 人：宋希云

郑单 2098

郑单 2098 由河南省农业科学院粮食作物研究所选育,适宜河南省各地夏播种植。

审定号:豫审玉 2011003

主要性状

粒重:千粒重 258.7～302.7 g,出籽率 86.7%～88.2%。

产量表现:2008 年河南省玉米区域试验,平均亩产 604.8 kg,比对照浚单 18 增产 6.7%。2009 年续试,平均亩产 551.5 kg,比对照浚单 18 增产 6.0%。2010 年河南省生产试验,平均亩产 545.9 kg,比对照浚单 18 增产 11.2%。

抗性表现:高大斑病(1 级),高抗矮花叶(0.0%),中抗茎腐病(19.23%),中抗小斑病(4 级),中抗孢菌叶斑病(4 级),感瘤黑粉病(28.43%),中感玉米螟(7 级)。

种植技术要点

播期和密度：6月10日前播种，中等肥力地每亩3 500株，上等肥力地每亩3 800～4 200株。

田间管理：苗期增施磷钾肥，拔节期重施氮肥，灌浆期补施氮肥；浇好拔节水、孕穗水和灌浆水。苗期注意防治蓟马、蚜虫、地老虎；大喇叭口期用颗粒杀虫剂丢芯，防治玉米螟虫。玉米子粒乳腺消失或子粒尖端出现黑色层后收获，充分发挥该品种的高产潜力。

技术来源：河南省农业科学院粮食作物研究所
咨　询　人：王振华

郑单1002

郑单1002由河南省农业科学院粮食作物研究所选育,适宜河南省各地春夏播种植。

审定号:豫审玉2014005

主要性状

粒重:千粒重333.6 g,出籽率89.8%。

产量表现:2011年河南省区域试验,平均亩产516.0 kg,比对照郑单958增产4.8%;2012年续试,平均亩产767.4 kg,比对照郑单958增产3.1%。2013年省生产试验,平均亩产641.2 kg,比对照郑单958增产9.6%。

抗性表现:抗小斑病(3级),抗弯孢菌叶斑病(3级),抗大斑病(3级),瘤黑粉病(3级),抗矮花叶病(3级),感茎腐病(7级),感玉米螟(7级)。

种植技术要点

播期和密度:6月15日前播种,种植密度每亩4 500株左右。

田间管理：使用玉米专用包衣剂对种子进行药剂处理，苗期注意防治蓟马、棉铃虫等虫害，保证苗齐苗壮；苗期少施肥，大喇叭口期重施肥，同时用辛硫磷颗粒剂丢心，注意玉米螟和蚜虫防治。玉米籽粒乳腺消失出现黑粉层后收获，充分发挥该品种的高产潜力。

技术来源：河南省农业科学院粮食作物研究所
咨 询 人：胡学安　魏良明

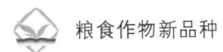
粮食作物新品种

洛玉818

洛玉818由洛阳农林科学院选育,适宜河南省夏播种植。

审定号:豫审玉2012009

主要性状

粒重:千粒重304.7 g,出籽率90%。

产量表现:2009年河南省区域试验,平均亩产617.2 kg,比对照郑单958增产9.3%;2010年续试,平均亩产591.8 kg,比对照郑单958增产8.6%。2010年河南省生产试验,平均亩产572 kg,比对照郑单958增产8.6%。

抗性表现:感矮花叶病(38.9%),抗小斑病(3级)、抗大斑病(3级)、中抗茎腐病(10.1%)、感弯孢菌叶斑病(7级)、中瘤黑粉病(22.1%)、中抗玉米螟(5级)。

种植技术要点

播期和密度:6月15日前播种,种植密度每亩4 000~4 500株。

田间管理：使用玉米专用包衣剂对种子进行药剂处理，苗期注意防治蓟马、二点委夜蛾、甜菜夜蛾等虫害，保证苗齐苗壮；拨节前少施肥，大喇叭口期重施肥，同时用辛硫磷颗粒剂丢心，防止玉米螟和蚜虫。玉米籽粒乳腺消失出现黑粉层后收获，充分发挥该品种的高产潜力。

技术来源：洛阳农林科学院
咨 询 人：赵保献

新单 38

新单 38 由河南省新乡市农业科学院和河南敦煌种业有限公司共同选育,适宜河南省各地夏播种植。

审定号:豫审玉 2013009

主要性状

粒重:千粒重 351.7 g,出籽率 88.9%。

产量表现:2010 年河南省区域试验,平均亩产 605.3 kg,比对照郑单 958 增产 8.0%;2011 年续试,平均亩产 539.8 kg,比对照郑单 958 增产 9.6%。2012 年省生产试验,平均亩产 754.1 kg,比对照郑单 958 增产 8.4%。

抗性表现:抗大斑病(3 级)、小斑病(3 级)、弯孢菌叶斑病(3 级)、瘤黑粉病(3 级),中抗茎腐病(5 级),感玉米螟(7 级)。

种植技术要点

播期和密度:6 月 1—15 日播种,每亩 4 500 株左右,宜采用 60 cm 等行距或 80 cm、40 cm 的宽窄行种植方式。

田间管理：播后及时浇蒙头水，保证一播全苗。采用分次施肥法，即播后 30 天施总追肥量的 40%，播后 45 天施总追肥量的 60%。苗期注意防治蓟马和地下害虫，大喇叭口期用杀虫颗粒剂丢心防治玉米螟。玉米子粒乳腺消失或子粒尖端出现黑色层时收获，以充分发挥该品种的增产潜力。

技术来源：河南省新乡市农业科学院
咨 询 人：张学舜

冀玉 19

冀玉 19 由河北省农林科学院和河北冀丰种业有限责任公司共同选育,适宜山西省南部复播玉米区种植。

审定号:晋审玉 2014017

主要性状

粒重:千粒重 361 g,出籽率 87.9%。

产量表现:2012—2013 年参加山西省南部复播玉米区域试验,2012 年亩产 753.1 kg,比对照郑单 958 增产 4.9%;2013 年亩产 715.7 kg,比对照郑单 958 增产 5.1%;两年平均亩产 734.4 kg,比对照增产 5.0%;10 点试验,增产点 90%。2013 年生产试验,平均亩产 719.5 kg,比当地对照增产 8.1%,4 点试验,增产点 100%。

抗病虫害能力:2012—2013 年经山西农业大学农学院、山西省农科院植物保护研究所鉴定,高抗矮花叶病,中抗穗腐病,感茎腐病、粗缩病。

种植技术要点

播期和密度：玉米播前进行种子包衣。小麦收获后适时早播，精量播种，每亩4 000～4 500株为宜。

田间管理：播前洇地或播后立即浇水，播后及时喷施除草剂。玉米拔节后避免受旱，尤其是抽雄期和灌浆期，要保持田间持水量的70%。苗期主要是防治地下害虫，在黄淮海区注意防治地老虎、金针虫等，防治方法是整地的前一天下午散毒饵或出苗后散毒饵。果穗苞叶发黄、籽粒乳腺消失、黑粉层出现时即可收获。

技术来源：河北省农林科学院粮油作物研究所
　　　　　河北冀丰种业有限责任公司
咨 询 人：孟庆民

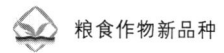

苏玉 37

苏玉 37 由江苏省农业科学院粮食作物研究所选育，适宜江苏省淮北夏播地区种植。

审定号：苏审玉 201302

主要性状

粒重：千粒重 323 g，出籽率 86.0%。

产量表现：2009—2011 年参加江苏省普通玉米夏播区域试验，3 年区试平均亩产 524.8 kg，比对照郑单 958 增产 7.4%，3 年增产均达极显著。2012 年生产试验平均亩产 581.5 kg，比对照郑单 958 增产 6.6%。

抗病虫害能力：抗大斑病，中抗小斑病，高感茎腐病，高感纹枯病，高感粗缩病。

种植技术要点

播期和密度：适期播种，一般 6 月 20 日左右；合理密植，适宜密度为每亩 4 500 株左右。

田间管理：加强肥水管理，氮、磷、钾配合使用，纯氮一般亩施 30 kg，其中基苗肥 50%，穗粒肥 50%。结合施肥及时中耕，做好壅土培根以防倒伏。做到田间沟系配套，注意防涝防旱。对种子进行药剂处理，防治地下害虫；做好玉米螟、茎腐病、粗缩病和纹枯病等的防治工作。

技术来源：江苏省农业科学院粮食作物研究所
咨 询 人：袁建华

农单 08-5

农单 08-5 是由河北农业大学国家玉米改良中心河北分中心选育,2010 年通过天津市审定,适宜在天津市春播区种植。

审定号:津审玉 2010002

主要性状

粒重:千粒重 295 g,出籽率 87%。

产量表现:2009 年春玉米区试,平均亩产 700.2 kg,较对照农大 108 增产 5.7%。2010 年,春玉米区试,平均亩产 679.5 kg,较对照农大 108 增产 11.0%。春玉米生产试验,平均亩产 624.7 kg,较对照农大 108 增产 10.3%。

抗性表现:经河北省农科院植保所鉴定,抗大斑病,感丝黑穗病(22.8%),中抗茎基腐病(13.5%)。

种植技术要点

播期和密度:适宜播期 4 月底至 5 月中旬,播种密度每亩 3 500 株左右。

田间管理：在施足基肥的基础上，前期控制肥水，以促根稳茎，重施穗肥。防治病虫害，要注意弯胞菌叶斑病的防治。

技术来源：河北农业大学农学院
咨 询 人：陈景堂

CN9127

CN9127 由中国种子集团有限公司所选育,适宜江淮丘陵区和淮北区夏播种植。

审定号:皖玉 2013002

主要性状

粒重:千粒重 356 g,出籽率 86%。

产量表现:2010 年区域试验,亩产 505.00 kg,较对照增产 12.75%;2011 年区域试验,亩产 493.80 kg,较对照增产 2.19%。2012 年生产试验亩产 554.30 kg,较对照弘大 8 号增产 2.55%。

抗性表现:经河北省农业科学院植保所接种鉴定,2010 年中抗小斑病(病级 5 级),中抗南方锈病(病级 5 级),高感纹枯病(病指 75),高抗茎腐病(发病率 2.9%)。经安徽农业大学植保学院接种鉴定,2011 年中抗小斑病(病级 5 级),高抗南方锈病(病级 1 级),中抗纹枯病(病指 48),中抗茎腐病(发病率 20%)。

种植技术要点

播期和密度：适于夏播，适宜种植密度为每亩3 500株左右。在苗期可增施磷钾肥，拔节期重施氮肥，灌浆期补施氮肥，浇好灌浆水，及时防治病虫害。

技术来源：中国种子集团有限公司
咨 询 人：邢吉敏

东华北玉米区

龙单70

龙单70由黑龙江省农业科学院选育,适宜在黑龙江省第二积温带上限种植。

审定号:黑审玉2013014

主要性状

粒重:千粒重390 g,出籽率85.2%。

产量表现:2010—2011年区域试验,平均亩产量674.7 kg,较对照品种鑫鑫2号均增产12.8%;2012年生产试验,平均亩产量630.5 kg,较对照品种龙单56增产12.0%。

抗性表现:抗大斑病(3级),感丝黑穗病(9.5%~16.0%)。

种植技术要点

播期和密度:适应区4月下旬播种,种植密度每亩4 000株左右。

田间管理:种肥在起垄或播种时施下,追肥在拔节初期即施用。中等以上肥力地块种肥磷酸二铵亩施 15 kg 以上,追肥尿素亩施 20～25 kg,或根据当地土壤肥力状况测土配方施肥。3～4 片叶定苗,早铲早趟,适时追肥,9 月下旬至 10 月初籽粒达到生理成熟时,人工或机械及时收获。

技术来源:黑龙江省农业科学院玉米研究所
咨 询 人:李春霞　扈光辉

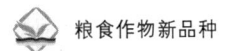粮食作物新品种

吉单33

吉单33由吉林省农业科学院玉米研究所、吉林吉农高新技术发展股份有限公司选育而成,适宜吉林省中熟玉米区种植。

审定号:吉审玉2011010

主要性状

粒重:千粒重386 g,出籽率86.4%。

产量表现:2009年参加吉林省中熟组区域试验,平均亩产量711.7 kg,比对照增产11.4%。2010年参加吉林省中熟组区域试验,平均亩产量707.9 kg,比对照增产7.7%。两年平均亩产量709.8 kg,比对照增产9.6%。2010年参加吉林省中熟组生产试验,平均亩产量639.3 kg,比对照种吉单261增产5.3%。

抗性表现:两年人工接种鉴定,抗大斑病(1~3级),中抗玉米螟(1~6级),感弯孢菌叶斑病(1~7级),中抗茎腐病(1~3级),感丝黑穗病(1~7级)。

种植技术要点

播期和密度：一般4月下旬至5月上旬播种，种植密度5.5万株左右。

田间管理：施足农家肥，底肥一般亩施磷酸二铵 10～15 kg，硫酸钾 7～10 kg，尿素 3～7 kg，追肥一般亩施尿素 20 kg。播种前进行种子包衣，防止丝黑穗病、地下害虫等病虫害的发生。

技术来源：吉林省农业科学院
咨 询 人：刘文国

 粮食作物新品种

丹玉 508 号

丹玉 508 号（丹 5502）由辽宁丹玉种业科技股份有限公司选育，适宜辽宁省沈阳、铁岭、阜新、昌图、锦州、辽阳、黑山、朝阳、喀左、丹东等地区活动积温在 2 800℃以上的中晚熟玉米区种植。

审定号：辽审玉 2012607

主要性状

粒重：千粒重 393 g，出籽率 82.4%。

产量表现：2011 年参加辽宁省区域试验，最高亩产 1 009.2 kg，比对照增产 7.1%。2012 年参加辽宁省区域试验复试，最高亩产 851.5 kg，平均亩产 748.2 kg，比对照郑单 958 增产 5.2%。2012 年参加辽宁省中晚熟生产试验，最高亩产 947.9 kg，平均亩产 768.2 kg，比对照种郑单 958 增产 7.1%。

抗性表现：两年人工接种鉴定，抗大斑病（1～3 级），抗灰斑病（1～3 级），感弯孢菌叶斑病（1～7 级），感茎基腐病（1～7 级），高抗

丝黑穗病（发病株率 0.0%～1.0%）。

种植技术要点

播期与密度：地温要确保 10℃以上进行播种，种植密度每亩 3 500～4 000 株。

田间管理：丹玉 508 号果穗长，增产潜力大，应选择土质较肥沃的中等或中上等地块种植。底肥每亩施农家肥 2 000 kg 以上，硫酸钾 15 kg，磷酸二铵 20 kg。大喇叭口期亩追尿素 25～30 kg。采用种子包衣技术或药剂拌种防治地下害虫，用颗粒剂或赤眼蜂防治玉米螟。

技术来源：丹东农业科学院
咨询人：高洪敏

辽单502

辽单502由辽宁省农业科学院玉米研究所选育,适宜在辽宁省的沈阳、铁岭、锦州、鞍山、大连、朝阳、丹东等地区适于丹玉39的晚熟玉米区域种植。

审定号:辽审玉〔2011〕540号

主要性状

粒重:千粒重371 g,出籽率82.6%。

产量表现:2010年参加辽宁省晚熟组区域试验,平均亩产576.2 kg,比对照丹玉39增产8.0%。2011年参加辽宁省晚熟组区域试验,平均亩产605.9 kg,比对照丹玉39增产3.6%。2011年参加晚熟组生产试验,平均亩产563.3 kg,比对照种丹玉39增产3.1%。

抗性表现:两年人工接种鉴定,抗大斑病(1~3级),中抗灰斑病(1~5级),感弯孢菌叶斑病(1~7级),抗茎基腐病(1~3级),中抗丝黑穗病(发病株率0.0~5.9%)。

种植技术要点

播期和密度：地温稳定于10℃左右可播种，辽宁地区一般在4月下旬为宜。种植密度每亩3 300～3 500株。

田间管理：辽单502抗旱耐瘠薄能力较强，适应性广，在平地中上等肥力土壤上栽培。每亩施农家肥3 000 kg做底肥，30 kg复合肥做种肥（注意种、肥隔离），大喇叭口期追尿素25 kg。采用种子包衣技术或药剂拌种防治地下害虫，注意防治弯孢菌叶斑病。

技术来源：辽宁省农业科学院玉米研究所

咨 询 人：李 哲

辽1（宁单15）

辽1由辽宁省农业科学院玉米研究所选育，生育期116～135天，适宜辽宁省、宁夏自治区等地种植。该品种抗旱耐瘠薄能力较强，适应性较广，可在中等或中等肥力以上平地、岗地、低洼地等种植。

审定号：宁审玉2012002

主要性状

粒重：千粒重330 g，出籽率87.9%。

产量表现：2010年3试验点均增产，平均亩产1 018.0 kg，较对照沈单16号增产15.7%。2011年3点2增1减产，平均亩产976.5 kg，增产6.49%。2011年生产试验3点均增产，平均亩产1 024.0 kg，比对照先玉335增产6.04%。

抗性表现：两年人工接种鉴定，抗大斑病（0～1级），抗小办病（0～1级），抗灰斑病（1级），抗黑粉病（发病株率0%）抗茎腐病（发病株率0%），抗丝黑穗病（发病株率0～1%），抗玉米螟（0～1级）。

种植技术要点

播期和密度：地温稳定在10℃以上即可播种，种植密度每亩3 800～4 000株。

田间管理：辽1抗旱耐瘠薄能力较强，适应性较广，可在中等或中等肥力以上平地、岗地、低洼地等种植。播种时每亩施25 kg复合肥做种肥，大喇叭口期每亩追尿素25 kg。拌毒土防治地下害虫。

技术来源：辽宁省农业科学院玉米研究所
咨 询 人：姜明月

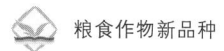

吉农糯8号

吉农糯8号由吉林吉农高新技术发展股份有限公司与吉林省农业科学院共同选育,适宜在吉林省玉米中早—晚熟区作鲜食玉米种植的花糯玉米新品种。

审定号:吉审玉2013036

主要性状

粒重:千粒重370 g。

产量表现:2011年区域试验,鲜穗平均亩产量931.2 kg,比对照品种春糯1号增产13.9%;2012年区域试验,鲜穗平均亩产量995.8 kg,比对照品种春糯1号增产1.8%;两年区域试验鲜穗平均亩产量963.5 kg,比对照品种增产7.9%。2012年生产试验鲜穗平均亩产量911.0 kg,比对照品种春糯1号增产0.9%。

抗性表现:两年人工接种抗病(虫)害鉴定结果,感丝黑穗病,中抗茎腐病,抗大斑病,抗弯孢菌叶斑病,感玉米螟虫,中抗灰斑病。

种植技术要点

播期和密度：一般 4 月下旬至 5 月上旬播种，种植密度一般亩保苗 3 700 株左右。

田间管理：该品种必须与其他品种及其他类型玉米隔离种植，以保持该品种的品质特性，可采用空间隔离或时间隔离。注意对丝黑穗病、玉米螟虫等病虫害的防治。

技术来源：吉林省农业科学院
咨 询 人：董亚琳

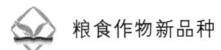粮食作物新品种

冀玉18

冀玉18由河北省农林科学院粮油作物研究所选育,河北省张家口、承德春玉米区均可种植。丝黑穗病重发区要用包衣种子。

审定号:冀审玉2013032

主要性状

粒重:千粒重333 g,出籽率86.5%。

产量表现:2007—2008年参加河北省农林科学院粮油作物研究所初级、高级产比试验,平均亩产量756.8和789.3 kg,比对照增产13.2%和11.4%。2010—2011年参加区域试验,两年平均亩产分别为803.9 kg和706.5 kg,比对照郑丹958增产8.9%~9.7%;2012年参加生产试验,平均亩产842.9 kg,比对照郑丹985增产7.5%。

抗性表现:抗大斑病(3级),中抗弯孢叶斑病(5级)、茎腐病(20.5%)、玉米螟(5.9级),感丝黑穗病。

种植技术要点

播期和密度：5月下旬至6月上旬均可播种，种植密度每亩4 500株左右。

田间管理：最好用药剂拌种的种子，防止苗期的田间害虫。整个生长期及时浇水。在拔节期，约1米高时用乐果或者溴氰菊酯类的农药伴沙粒灌心，可防治后期病虫害。如果散粉期发生蚜虫虫害，用乐果或者溴氰菊酯类的农药进行盆药，效果也可。玉米籽粒乳腺消失出现黑粉层后收获，充分发挥该品种的高产潜力。

技术来源：河北省农林科学院粮油作物研究所
咨 询 人：王宝强

宁禾 0709

宁禾 0709 由宁夏农林科学院农作物研究所和宁夏农垦局良种繁育经销中心选育，适宜宁夏回族自治区和内蒙古自治区等地区作为青贮玉米种植，青贮种植出苗至成熟需要≥10℃活动积温 2 800℃以上。黑粉病高发区慎用。

审定号：蒙审玉（饲）2013002 号

主要性状

粒重：千粒重 363 g，出籽率 83.8%。

产量表现：2011 年内蒙古自治区饲用玉米区域试验，鲜重产量每亩 5 341.2 kg，比对照增产 11.6%；干重产量每亩 1 624.5 kg/亩，比对照减产 5.9%。2012 年续试，鲜重产量每亩 5 697.5 kg，比对照金山 12 增产 15.5%，干重产量每亩 1 827.2 kg，比对照金山 12 增产 7.6%。

抗性表现：自然条件下，茎腐病、大斑病、弯孢菌叶斑病、丝黑穗病发生较轻，抗玉米螟。玉米大斑病 0～1 级，小斑病 0～1 级，茎腐病 1%。

种植技术要点

播期和密度:4月中旬左右播种,需要地膜覆盖种植;种植密度每亩4 800株左右。

田间管理:使用玉米专用包衣剂对种子进行药剂处理,苗期注意防治地老虎等地下害虫,保证苗齐苗壮;基肥施农家肥、氮磷钾复合肥,重施拔节肥和穗肥,抽雄后补施粒肥,防治玉米螟和蚜虫等。玉米乳熟末期到蜡熟初期收获,充分发挥该品种的优质高产潜力。

技术来源:宁夏农林科学院农作物研究所
咨 询 人:杨国虎

粮食作物新品种

西南玉米区

荃玉 9 号

荃玉 9 号由四川省农业科学院作物研究所,适宜重庆市、湖南省、四川省(雅安市除外)、贵州省(铜仁除外)、陕西汉中地区的平坝丘陵和低山区春播种植。

审定号:国审玉 2011018

主要性状

粒重:千粒重 325 g,籽粒容重 732 g/L。

产量表现:2009—2010 年参加西南玉米品种区域试验,两年平均亩产 606.2 kg,比对照增产 7.6%。2010 年生产试验,平均亩产 555.1 kg,比对照渝单 8 号增产 6.8%。

抗性表现:中抗大斑病,感小斑病、丝黑穗病、茎腐病、纹枯病和玉米螟。

种植技术要点

播期和密度:适宜播种期 3 月中旬至 4 月下旬,每亩适宜密度 2 800~3 500 株。

田间管理：在中等肥力以上地块种植。注意防治纹枯病、丝黑穗病和小斑病。

技术来源：四川省农业科学院作物研究所
咨 询 人：杨俊品

金玉 506

金玉 506 由贵州省旱粮研究所选育,适宜贵州省、云南省、湖北省、广西壮族自治区、四川省(不含绵阳市)和重庆市(不含万州区)的平坝丘陵低山区春播种植。

审定号:国审玉 2013012

主要性状

粒重:百粒重 35.8 g,出籽率 82.5%。

产量表现:2011—2012 年参加西南玉米品种区域试验,两年平均亩产 617.4 kg,比对照增产 5.9%。2012 年生产试验,平均亩产 589.1 kg,比对照渝单 8 号增产 12.5%。

抗性表现:中抗大斑病(3~5 级)、小斑病(5 级)、茎腐病(病株率 16.7%~21.4%)和纹枯病(病指变幅 43.8~58.7),感丝黑穗病(病株率 17.5%~20.6%)、穗腐病(3.6~6.5 级)和玉米螟(6.2~8 级)。

种植技术要点

播期和密度：播种期4月上中旬，亩种植密度3 500～4 000株。

田间管理：中等肥力以上地块栽培。注意防治丝黑穗病、穗腐病和玉米螟。

技术来源：贵州省旱粮研究所

咨 询 人：王安贵

川单 189

川单 189 由四川农业大学玉米研究所选育,适宜四川省、贵州省(毕节地区除外)、云南省(曲靖地区除外)的平坝丘陵和低山区春播种植。

审定号:国审玉 2011020

主要性状

粒重:经农业部谷物品质监督检验测试中心(北京)测定,籽粒容重 744 g/L。

产量表现:2008—2010 年参加西南玉米品种区域试验,叁年平均亩产 624.9 kg,比对照增产 8.2%。2010 年生产试验,平均亩产 545.3 kg,比对照渝单 8 号增产 4.9%。

抗性表现:经四川省农业科学院植物保护研究所两年接种鉴定,中抗大斑病和茎腐病,感小斑病、丝黑穗病、纹枯病和玉米螟。

种植技术要点

播期和密度:适宜播种期 3 月下旬至 4 月中旬,每亩适宜密度 3 200~3 500 株。

田间管理：在中等肥力以上地块种植。注意防治丝黑穗病和纹枯病，茎腐病高发区慎用。

技术来源：四川农业大学玉米所
咨 询 人：兰　海

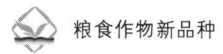
粮食作物新品种

云瑞 10 号

云瑞 10 号由云南田瑞种业有限公司选育，适宜云南省海拔 1 000～2 000 m 的玉米生产适宜区域种植。

审定号：滇审玉米 2014006 号

主要性状

粒重：千粒重 330～350 g，出籽率 2%～84%。

产量表现：2012—2013 年分别参加云南省杂交玉米品种区域试验（中海拔组），两年区试平均亩产 646.6 kg，较对照减产 3.0%，增产点率 60%；生产试验平均亩产 712.3 kg，较对照增产 2.5%，增产点率 100%。

抗性表现：抗小斑病、弯孢霉叶斑病、锈病、茎腐病，中抗穗腐病，中感丝黑穗病。

种植技术要点

播期和密度：各地可根据最佳节令调节播种期，种植密度每亩 4 000～4 500 株。

田间管理：播种时每亩施农家肥 800～1 000 kg；

5～6叶期，结合间苗、锄草，施拔节肥（尿素每亩20 kg）；大喇叭口期，结合中耕培土，重施攻穗肥（尿素每亩30 kg）。及时防治病、虫、鼠害；适期收获，妥善贮存。

技术来源：云南田瑞种业有限公司
咨 询 人：番兴明